U0345301

书籍出版得到以下课题资助

国家自然科学基金项目

淮河源地区典型村镇生活垃圾处理模式生态效率评价与结构

优化研究（41701637）

水体污染控制与治理科技重大专项子课题子任务

饮马河流域水污染综合治理与水质改善技术研究

与示范（2014ZX07201-011-005）

信阳师范学院学术著作出版基金资助

农村人居生态基础设施关键技术与管理

郜彗 著

科学出版社

北京

内 容 简 介

　　加快农村生态基础设施建设，提升农村人居环境水平，是实现乡村生态振兴的必然要求。本书在深入剖析农村环境整治技术在北方的适宜性的基础上，采用投入产出生命周期评价、物质流分析、能值分析等方法开展了北方农村生活污水处理、垃圾处理、厕所建设、农村能源等关键技术筛选、设计与集成实证研究，以期优化技术运行条件和创新管理模式。主要内容包括中国农村人居环境建设水平区域分布差异、人居生态基础设施关键技术参数与筛选方法、关键技术的优化设计与运行实证、关键技术集成效果、分区发展导引及适应性管理措施。

　　本书可供从事环境保护、自然生态、农村建设等领域的科技工作者使用，也可作为农村环境建设的决策研究者、管理工作者的参考书。

图书在版编目（CIP）数据

农村人居生态基础设施关键技术与管理/邰䶮著. —北京：科学出版社，2019.1
　　ISBN 978-7-03-058967-5

　　Ⅰ. ①农… Ⅱ. ①邰… Ⅲ. ①农村-居住环境-基础设施建设-研究-中国 Ⅳ. ①X21

中国版本图书馆 CIP 数据核字（2018）第 223941 号

责任编辑：张　菊 / 责任校对：彭　涛
责任印制：张　伟 / 封面设计：无极书装

科 学 出 版 社 出版
北京东黄城根北街 16 号
邮政编码：100717
http://www.sciencep.com

北京建宏印刷有限公司 印刷
科学出版社发行　各地新华书店经销
*

2019 年 1 月第　一　版　开本：720×1000　1/16
2019 年 1 月第一次印刷　印张：9 1/2
字数：200 000

定价：98.00 元
（如有印装质量问题，我社负责调换）

前　　言

　　持续改善农村人居环境，是实施乡村振兴战略的一项重要任务，事关广大农民根本福祉。党中央、国务院高度重视改善农村人居环境工作，于2018年2月发布了《农村人居环境整治三年行动方案》的重要指示，明确指出以农村垃圾、污水治理和村容村貌提升为主攻方向，统筹城乡发展，统筹生产、生活、生态，实现建设美丽宜居村庄的目标。同时，我国农村人居环境状况很不平衡，"脏乱差"问题在一些地区还比较突出，与全面建成小康社会的要求和农民群众的期盼还有较大差距，仍然是经济社会发展的突出短板。

　　我国北方农村地区干旱缺水，土壤有机质贫瘠，冬季严寒，加之居住分散和相对落后的经济基础，制约着各项技术处理的深度和广度，使得农村生态建设技术的选择受到一定限制。北方农村生活污染的有效处理和资源化利用对北方农村经济发展与资源环境保护尤为重要。围绕农村生态环境整治的各种生态工程层出不穷，这些工程技术多数在南方能够顺利推广，而在北方农村却遇到阻碍。同时，生态工程的应用多是单一技术的建设与示范，在农村空间范围不能互相联系、互相影响，也不能按照一定的方式和秩序发生关联并在时、空、量、构、序的层次上进行耦合，发挥的整体功能有限，难以解决农村复杂的生态环境问题。因此，深入了解和分析农村环境整治技术在北方的适宜性，获得最经济的投资和最可靠的处理效果，将各子系统下的技术进行重组集成，优化设计技术运行条件及创新管理模式，具有极其重要的现实意义和紧迫性。农村生态基础设施集中体现了维护健康、完整、持续的自然生态系统的重要意义，加强北方农村生态基础设施的研究，对提升农村人居生态品质和区域生态环境建设，以及实现美丽乡村的建设目标具有重要的理论意义和现实意义。

　　本书的特点是，以人居生态基础设施为主题，构建了基于复合生态系统的农村人居环境评价指标体系，辨识了农村人居生态环境"流"过程、"网"结构和"序"功能失调的生态学原因，建立了研究农村人居生态基础设施的"物质-能量-信息"生态过程的评价和模拟方法，提出了北方农村生态基础设施建设的适应性管理对策。选取北京、河南、吉林三个案例进行分析，采用定点跟踪分析测试、投入产出生命周期评价、物质流分析、能值分析等方法开展了农村生活污水处理、垃圾处理、厕所建设、农村能源等关键技术筛选、设计与集成实证研究，研究结果为北方农村人居环境整治提供了技术支撑。

本书适合从事环境保护、自然生态、农村建设等相关学科的学生、教师、科技工作者使用，可作为农村环境建设的决策研究者、管理工作者的参考用书。由于作者水平有限，书中不足之处在所难免，望读者不吝赐教。

作　者

2018 年 8 月 8 日

目　录

|第1章| 绪　　论

1.1　研究背景

　　根据第六次全国人口普查的数据，我国农村人口约有 6.7 亿，超过我国人口总数的 50%（袁英兰等，2012）。长期以来，我国生态保护的重点都是放在城市，对农村生态环境却未给足相应的重视。随着国际国内的经济形势的转变，农村的人口、资源、环境与经济的进一步发展的矛盾日益突出，并形成了研究解决"三农"问题的瓶颈。党的十九大报告提出实施乡村振兴战略，坚持农业、农村优先发展。绿水青山就是金山银山，农村良好的生态环境是乡村振兴的重要支撑点，生态保护是实施乡村振兴的关键。

　　改革开放 40 年以来，随着国家城乡统筹发展的逐步深入，以及国家级生态农村建设的稳步实施，农村地区的经济和社会发展进入一个新的阶段。同时经济增长模式粗放、经济利益驱动及对生态环境价值的忽视等，造成了一系列农村生态环境问题，主要表现为农村环保基础设施建设严重滞后、农村面源污染问题突出、农业生产废弃物综合利用率低下、城乡"三废"复合污染加剧，并对农村生产和生活造成了严重的负面影响，已经威胁社会经济可持续发展的基础。据统计，全国农村每年产生生活垃圾约为 2.8 亿 t，生活污水约为 90 多亿 t，人粪尿约为 2.6 亿 t，绝大多数没有处理，随意排放，每年产生的 6.5 亿 t 各类农作物秸秆有 20%未综合利用，被焚烧或堆积于河湖沟渠或道路两侧（杨帆和王坤鹏，2014）。

　　尤其值得注意的是，在我国农村现代化进程较快的地区，基础设施建设和环境管理水平并没有随着经济水平的提高而改善。在农村地区，60%的农户没有卫生厕所，96%的村庄没有排水沟渠和污水处理系统，89%的村庄没有任何垃圾处理设施（曾鸣和谢淑娟，2007）。我国是粮食生产大国，同时也是秸秆生产大国。长期以来，秸秆作为重要的生物质资源，一直在以低效率、高污染方式利用，还有相当部分作为废弃物被丢弃或焚烧，不仅浪费资源、污染空气，还造成土壤焦化板结、地力下降。另外，作为农村乱堆乱放"三堆"之一的秸秆堆，不仅影响环境卫生，而且存在较大的安全隐患，这在很大程度上加大了农村生活对环境的压力。由于基本的卫生设施大量缺乏，部分居民面临着较严峻的健康风险。农村人居生态环境改善问题已经成为新型城镇化进程中亟待破解的困局。

农村是人与自然关系最密切的区域，是我国生态文明建设的主战场，2018年中央一号文件《中共中央国务院关于实施乡村振兴战略的意见》，明确把农村生态文明建设作为实施乡村振兴战略的主要抓手之一。改善农村人居环境，建设美丽宜居乡村，是促进农村生态文明建设的一项重要任务。《农村人居环境整治三年行动方案》提出将农村垃圾、污水治理和村容村貌提升作为美丽乡村建设提质增效的主攻方向，进一步提升农村人居环境水平。虽然政府已逐渐认识到农村生活污染的严重性，但农村生活污染的一些固有特征（如分散性、范围广和外部性强导致监督和控制污染排放的成本高）及政策设计、资金和技术提供等方面的不足，使得问题的解决面临着诸多困难。因此，深入了解和分析农村环境整治技术适宜性、优化设计技术运行条件及创新管理模式，具有极其重要的现实意义和紧迫性。

近年来，国内部分学者对农村生态环境治理展开了一些研究，农村生态基础设施建设所涉及的技术方案及设备在国内外均已有现成的工艺，但很难满足现实农村需求，尚未从根本上解决农村生态环境问题。已有研究大多从单项技术手段展开，将技术工艺整合到一个完整的系统下并提高其效益的研究较少；从宏观省域乃至全国尺度研究农村环境整治的研究较多，从微观中小规模农村区域角度展开深入实地调查并开展定量分析和实证研究较少；将农村生态环境治理技术与管理方法相结合，对农村生态环境技术优化设计、集成模拟和管理配套进行系统研究的就更少。因此，为了有效改善农村人居环境，迫切需要发挥技术集成的整合优势，对农村人居生态环境治理从技术和管理方面开展实证研究。

1.2 研究目的和意义

1.2.1 研究目的

（1）研制适合北方农村生态环境建设的工艺和技术，为新农村建设提供技术支撑

北方农村地区干旱缺水，土壤有机质贫瘠，冬季严寒，加之居住分散和相对落后的经济基础，制约着各项技术处理的深度和广度，使得农村生态建设技术的选择受到一定限制。北方农村生活污染的有效处理和资源化利用对北方农村经济发展和资源环境保护尤为重要。因此，为改善北方农村人居生态环境，提高农民生活品质，急需一套经济、技术可行且能适应北方自然条件的处理技术。

（2）探讨北方农村先进适用技术结构设计和集成整合的方法

鉴于北方农村不同地域差异明显，某一单项技术的开发和示范，难以形成技术合力和综合配套，不能充分解决中国北方农村所面临的永续发展问题，需要针对农村永续发展的因素对现有单项技术集成、组装、配套、补充开发和系统优化设计，并针对不同类型的农村，提供以实现最小排放为目标，通过技术与管理结合，实现若干系统优化的成套技术与管理经验的应用，以期成为指导农村环保工程项目设计、建设与管理的依据。

（3）小尺度农村村落角度生态环境建设的定量实证与比较研究

普通村庄发生的环境污染问题是一种常态下的环境污染，易被人们忽视，但更具有普遍性和代表性，不同村落之间的比较突出了地区之间的差异，增加了农村生态环境建设方案的多样性。通过开展小尺度具体村庄的研究，能有效、准确和定量认识农村生态环境建设的问题，将村落的具体研究成果由自下而上、以点到面放大至区域甚至全国尺度，为国内同类型区域提供借鉴和参考。

1.2.2　研究意义

1.2.2.1　理论意义

参照国际经验，农村建设分为生产设施建设阶段、生活设施建设阶段和生态设施建设阶段，目前我国农村建设正处于第二阶段向第三阶段过渡时期。农村生态基础设施是农村生态系统及村落生态环境建设的重要内容，集中体现了维护健康、完整、持续的自然生态系统的重要意义。加强农村生态基础设施的研究，对提升农村人居生态品质和区域生态环境建设，以及实现美丽乡村的建设目标具有重要的理论意义。

人居生态基础设施是解决农村环境、公共卫生和人体健康问题的一种有效途径，是循环经济、和谐社会和生态安全建设的初级目标。农村人居生态基础设施建设有助于缓解我国现阶段的城乡发展不平衡矛盾，有助于解决人口基数大带来的水资源和粮食供给问题，同时也可控制由卫生体系薄弱带来的生态环境安全事件。

1.2.2.2　现实意义

随着新农村建设的发展，在逐步解决农民吃饭、穿衣和住房等基本生存需求后，需要进一步关注和满足农村群众的发展诉求，着力改善农村人居生态环境状况。新农村建设"二十字方针"（生产发展、生活宽裕、乡风文明、村容整洁、管理民主）中的"村容整洁"，其实质或内涵就是改善农村人居生态环境。我国人均资源相对匮乏，农村人居生态基础设施可以实现水资源和营养物质闭合循环，最大限度地提高水资源循环利用率并有效促进营养盐物质的生态平衡，对城乡物质交换及水资源的再生利用具有战略意义。

应用人居生态环境理论和实践，可以找到很好地解决北方农村节水、防病、改善环境和改良土壤等问题的途径。建立起农村人居生态基础设施，可以就地分散处理污水、垃圾、人畜粪便和秸秆等污染物，同时又以安全、经济和可靠的方法实现了水资源、能量、营养物质在人类社会和经济发展以闭合循环的方式运行的目的，比较符合农村实际。

1.3   国内外研究现状

农村人居环境建设是一项非常庞大的系统工程，涉及农村经济、社会、政治、文化、建设等各个领域。对农村人居环境建设进行系统的研究也需要方方面面的专业人士进行长期艰苦的努力。本研究主要从农村生态环境问题及其影响因素、农村生态环境治理技术、农村生态环境管理机制及政策三个方面进行梳理。

1.3.1   农村生态环境问题及其影响因素研究

起初，发达国家的农村生态环境问题大多是和农业生产联系在一起的（Zilberman et al.，1999；Meijl et al.，2006），后来，伴随着人口急剧增加和工业化、城镇化的快速推进，耕地资源迅速减少，农业生产高度集约化。这一过程导致了一系列生态环境问题的产生，如自然资源的退化和枯竭、农村土地和水资源污染等。因此，农业及生态环境保护正逐渐受到生态环境部门及学者的高度重视。从 20 世纪 60 年代开始，国外一些经济学家们开始关注农村环境污染问题，并初步将庇古（Pigou）的"外部性"（Existence）概念作为分析农村环境污染问题的理论准则（Iii，1984）。70 年代末期，部分研究者聚焦于农村环境污染的影响因素与宏观特征研究，开始由最初的相关因素分析和时空变异分析逐步转向与污染控制密切相关的主控因子和关键源区的空间分析（Corwin and Logue，2005）。80年代以后，国外农村环境污染因素研究更加深入，特别是随着计算机和卫星遥感技术的发展和进步，以陆地卫星数据库、GIS 等为代表的"3S"技术与污染模型结合，广泛应用于与农村环境污染控制相关的影响因子研究之中（Parker，2000）。国外农村环境污染研究借助"3S"技术，逐步向推广型、应用型转变，并结合区域地貌特征，陆续尝试探索新的污染影响因子。90 年代以后，国际上关于农村环境污染的研究，更加侧重于对农村环境质量监测及其演化规律研究以及环境影响评价工作。在北美和欧盟国家的学者们，基于外部性、产权、公共物品、财政与税收等理论基础，将经济学研究视角应用于农村环境污染防控研究领域，并开发了大量有关的研究工具和分析模型（Abler and Shortle，1995），如 HSPF（Donigian，1991）、AnnAGNPS & ANSWERS（Bouraoui and Dillaha，2014）和 SWAT（Arnold et al.，1993）等已被广泛应用于农村非点源污染机理的过程模拟、探讨污染负荷时空分布。

　　我国对农村环境污染防控的认识和理论研究起步较晚。20 世纪 50～60 年代，在以"粮食为纲"的大背景下，全国各地农村积极开展了种植业大生产，但在生产技术相对落后与粮食需求过大的矛盾之下，人们在粮食生产中无暇顾及环境保护与经济协调发展，农业投入品（如农药、化肥等）随意排放现象比比皆是。70～80 年代，是我国农村环境污染防控理论研究的初期（章力建等，2005），面对出现端倪的农村环境污染及其所带来的负面影响，国内部分学者借鉴国外发达国家环境问题治理的经验教训并对我国农村环境问题进行反思，开始陆续提出我国农村环境污染防治的一些基本思路（张帆，1998）。到了 90 年代后期，随着全国范围农村地区环境污染问题的日益严重，我国逐渐开始从农村非点源污染问题着手进行研究（万洪富，2005）。为摸清我国农村环境污染的基本现状，黄季焜和刘莹（2010）在全国范围内对 101 个村级环境污染现状进行抽样调查，结果表明，在所调查的样本村中，过去 10 年当中农村环境恶化的村占 44%。总结归纳起来，农村生态环境问题大致有以下几种类型：一是农村工业生产造成的直接环境污染；二是农村自然资源的开发利用过程所带来的生态环境破坏；三是农业生产中产生的污染（姜百臣和李周，1994）；四是小城镇和农村聚居点的规划、基础设施建设和环境管理滞后造成的生活污染（苏杨和马宙宙，2006）。随着农村经济发展，目前我国农村生态环境问题呈现如下特征：工业点源污染与农业面源污染共存，生活污染、农业污染和工业污染叠加，各种新旧污染相互交织，同时农村生态资源退化由局部扩展到更大范围，概括起来主要是农村环境复合污染和农村生态资源退化（冯淑怡等，2014）（图 1-1）。由于区域之间自然环境、人类活动方式及经济发展水平的差异，生态环境问题带有明显的区域特征，如西部地区面对的主要是脆弱的生态系统与不断增加的人口和自然资源开发的压力，同时还面临污染产业西进的威胁；东部地区面对的主要是工业化带来的污染和农业现代化带来的农业面源污染（杨兴宪等，2006）。

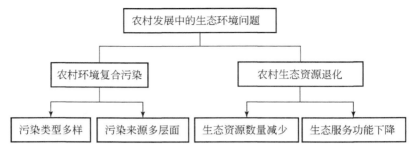

图 1-1　农村发展中环境复合污染和生态资源退化

资料来源：冯淑怡等，2014

　　伴随我国农村社会经济快速发展带来的日益严重的环境问题，研究者开始注意到，在农村环境质量状况研究不断深入的同时，基于不同的研究视角，如何探索农村环境污染的影响因素就显得尤为必要。国内学术界从不同角度对农村生态环境问题的原因进行分析。首先是基于微观研究视角的农村环境污染影响因素研究。学者主要从农户经济行为对农村地区的农村环境和污染防控的影响来进行探讨，特别是对农户生产经营活动等经济行为及生活方式对环境政策响应的研究，已经成为该领域的研究热点（魏晋等，2010）。例如，周立华等（2002）、张欣等（2005）、陈利顶和马岩（2007）一致认为农村环境质量恶化与农户生产行为和生活方式直接相关。其次是基于中观研究视角的农村环境污染影响因素研究。学者认为，在广大农村地区，造成环境污染的影响因素很多，不同区域涉及的因素也有所不同。针对具体区域进行影响因素贡献度的科学排序，对研究区域农村环境污染防治具有十分积极的指导意义。因此，近几年针对大尺度区域农村污染源的专项研究陆续展开。例如，夏立忠和杨林章（2003）通过对太湖地区典型农村环境研究监测表明，农村居民点的水体氮磷负荷量过大是重要的非点源污染源。高良敏等（2005）从太湖流域农村厕所角度研究厕所污水对面源污染的影响。最后是基于宏观研究视角的农村环境污染影响因素研究。在这一尺度上的研究主要是基于全国各地开展新农村建设的实践展开的。例如，黎赔肆等（2000）从经济学角度出发，认为导致农村生态环境问题的原因有两个：一是产权外部性；二是农村大量公有资源和共有资源的存在。沈满洪（2001）及赵海霞等（2007）认为造成农村生态环境污染的原因主要有市场失灵、政府失灵、市场与政府同时失灵三方面因素。也有学者将社会学概念"断裂"拓展到农村生态环境领域，认为城乡社会断裂是农村生态环境恶化的深层结构性原因，也就是城乡二元结构的加剧，并且农村生态环境恶化反过来又造成城乡社会断裂的再生产，形成一个怪圈（李锦顺，2005；苏杨和马宙宙，2006；华启和和高金龙，

2007）。但我们必须看到，人类的一切行动都是在一定的目的和动机的指导下进行的，而行为或活动只是相关问题形成的表面现象。因此，对农村生态环境问题成因的分析不能仅仅停留在表面现象，还要去探讨现象背后更深层次的原因。冯淑怡等（2014）将其归结为粗放的农村经济增长方式、人口压力和城乡生态环境管理的二元化等原因。

1.3.2　农村生态环境治理技术研究

1.3.2.1　单项技术研究进展

用户生活方式、生活习惯、排水类型等不同造成生活污水水质变化较大。城市生活污水由市政管网收集后由污水处理厂处理，而针对农村和小城镇生活污水的分散式处理和控制，发达国家较早开始注重，在处理技术的研究和应用方面积累了许多经验。中国从 20 世纪 80 年代开始开展生活污水分散处理技术的开发和研制工作。鉴于国内外农村生活污水处理技术较多，将其按工艺原理划分，大致可归为 2 类：第 1 类是"城镇污水处理厂小型化（简约化）"工艺——主要处理流程类似于城镇污水处理厂，处理微生物载体多为活性污泥或生物膜，如高负荷厌氧处理技术、曝气生物滤池；第 2 类是"自然处理系统"——与传统氧化塘或土壤过滤技术相似，利用土地过滤、植物吸收和微生物分解的原理处理污水，载体多为土壤或水体，如土壤渗滤、稳定塘和人工湿地技术。另外，还有一些是 2 种工艺混合的技术，如蚯蚓生态滤池、接触氧化法-人工湿地技术等。国内郭飞宏等（2010）、陈丽丽等（2013）分别应用蚯蚓生态滤池和人工湿地技术处理生活污水，在处理过程特征及效果分析方面取得了一定研究成果。生活洗浴和洗涤产生的灰水含氮低，不需要硝化和反硝化。Gross 等（2007）利用垂直流人工湿地循环系统对灰水进行处理，证明该技术不仅可以改善水质，还对大肠杆菌有明显的抑制作用。随着膜技术的兴起，灰水再利用的前景十分广阔。Merz 等（2007）对膜生物反应器处理灰水进行了研究，结果表明，在低污染负荷条件下，该技术出水可以回用作冲厕水等。

垃圾处理技术及垃圾的处理利用，在很大程度上首先是取决于垃圾的成分，其次是经济水平和技术条件，以及地理、水文、环境、城市规划等方面的因素。当前世界上工业发达国家生活垃圾处理的方法（按处理工艺区分）主要有 3 种，即卫生填埋、焚烧和堆肥。Narayana（2009）针对印度垃圾填埋、堆肥、焚烧处理现状和存在的问题，提出分类后堆肥的建议。针对有机垃圾（以餐厨垃圾为主）处理技术的研究主要采用粉碎直排、好氧堆肥、厌氧发酵、饲料化、生化处理、热解、蚯蚓堆肥、提取生物降解性塑料、生物发酵制氢等多种技术。而关于餐厨垃圾处理过程中脱盐脱脂技术、二次污染控制技术、减少辅料投入量、饲料安全保证技术等是现阶段餐厨垃圾处理研究的热点问题（吴修文等，2011）。当前，对畜禽粪便的研究主要集中于腐熟程度（钱晓雍等，2009）、粪便中的微生物群落（卫亚红等，2007）、可添加的微生物菌剂（杨莹，2007）、堆肥特性（段池清等，2010）、堆肥过程中有害气体排放量（谢军飞和李玉娥，2003）及粪便资源化利用（江波涛等，2007）方面。

作为人居生态基础设施的一个重要环节，生态型厕所的发展十分迅速。人畜粪尿卫生化、减容、固磷保氮等技术的研发为人畜排泄物还田利用提供了技术支持与保障。Höglund 等（2002）通过研究储存尿液中细菌和病毒的微生物指标的衰减率发现，尿液在 20℃ 下至少储存 6 个月才可以安全地作为各种作物的肥料进行使用；同时发现，温度是影响细菌和病毒失活率的最重要因素。Ikematsu 等（2007）利用电化学方法处理尿液，使尿液中的尿素水解，避免使尿素作为难闻的氨气释放，实现尿液重新作为厕所冲水使用。Udert 等（2003）通过处理沼气池上清液得出 30℃ 下的反硝化速率为 $1000g/(m^3 \cdot d)$。Niwagaba（2007）分别将灰分和木屑应用于粪尿源分离处理的收集过程中；Ban（2004）通过混合投加沸石和 MgO 来同时回收氨氮和磷；Niwagaba 等（2009）将粪便和厨余垃圾在 20d 实验期内一起堆肥，发现 1∶1 配比下高温（≥50℃）好氧发酵 8d、3∶1 配比下高温发酵 4d，大肠杆菌（Escherichia coli）和肠球菌（Enterococcus spp.）菌群数量分别减少超过 3 个和 4 个数量级。

在许多国家农作物秸秆的综合利用是多元化的，形成"5F"路线，即 fodder（饲料）、fertilizer（肥料）、fuel（燃料）、fiber（纤维）、feedstock（原料）（张燕，2009）。秸秆饲料化需要解决饲料适口性差和提高反刍动物瘤胃对纤维素的降解率问题，可以通过物理、化学和生物学处理三类方法实现。秸秆肥料化利用以秸秆直接还田为主，包括机械化直接还田、覆盖还田、快速腐熟还田、堆沤还田、加工有机肥等。国内外相关领域学者针对秸秆不同还田方式和数量对土壤生态（Beare et al.，2002；Li et al.，2008）、作物产量（Aynehband et al.，2010）、温室气体排放（Ma et al.，2009）的影响等进行了许多研究。秸秆能源化利用模式作为解决秸秆资源浪费的重要途径之一，其利用技术主要包括秸秆气化、秸秆液化、秸秆沼气化、秸秆固化、秸秆发电等。关于农作物秸秆用作能源开发的研究正在向两个方向发展，一是通过预处理减少含水率提高热值，二是转化成传统能源或者与传统能源混合提高其燃烧性能。将农作物秸秆用作化工原料来产气、制糖和制乙醇，以及用作建筑材料等都得到有益的尝试。

1.3.2.2　多项技术整合的生态卫生系统技术研究

生态卫生（ecological sanitation，EcoSan）是"生态关系合理的卫生系统"的简称。与现行的传统卫生工程系统（收集—输送—处理—排放）不同，生态卫生强调从源头将各种污水、废物按成分与去向分门别类地收集处理、循环利用（郝晓地和宋虹苇，2005）。生态卫生系统的目标就是要实现人体健康、居室健康、农田健康和环境健康。生态卫生系统面向的对象包括雨水、生活污水、人畜粪尿、有机垃圾，不仅关注人居活动产生这些废弃物的排放、收集、处理和循环利用的生态技术、设施和方式，而且强调生态规划、管理的办法和能力建设的手段（郜慧等，2014）。生态卫生从整体论的视角，视物质流为生态和经济可持续污水管理系统的一部分，以满足不同用户和不同地区条件的需要。它不支持一个特定的卫生技术，而是用一种全新的哲学观来看待那些被视为废物的资源。

在农村环境污染和生态恶化问题越来越突出的情势下，生态卫生系统为可持续的水资源开发利用提供解决模式。目前，尽管生态卫生系统还不能从根本上否定现有的传统卫生工程系统，但它的提出一方面肯定了像我国这样的发展中国家广大乡村地区传统卫生习惯中带有原始生态特点的事实，另一方面也为新兴城镇及小城市分散式污水/废物处理提出了一个新的思路。

（1）传统农业朴素的生态卫生观

在我国数千年的自给自足的农耕文化中，各地逐渐沉淀并形成了一种可以精密地融入当地自然环境的生产与生活模式。我国农村用人畜粪尿堆肥的方法制取农肥，将人畜排泄物中的营养物质用于补给农作物的生长，并改良土壤的品质，体现了中国传统农业的智慧。数千年来，我国农民以占世界7%的水资源和7%的耕地资源养活了占世界21%的人口，同时维持了产量的持续增长和土壤持续的生产力，农村生态卫生系统在其中发挥了重要作用（李文华和王如松，2001）。中国传统农业的伟绩也在《四千年农夫：中国、朝鲜和日本的永续农业》《农业圣典》等经典著作中得到推崇。美国农业局长富兰克林·H.金（2011）在其所撰写的《四千年农夫：中国、朝鲜和日本的永续农业》中，惊叹中国的传统农业是"种养结合，精工细作，地力常新"的"无废弃物农业"。这种利用农村粪便、垃圾等废弃物沤制有机肥的模式，使营养物质能循环回归到土地，体现了现代生态卫生系统的核心思想。因此，可以说我国农村的粪便堆肥是原始的、早期生态卫生系统。这种模式尽管在物质上不丰富，但总体上保持了人类与大自然之间比较平衡的索取与付出关系。

（2）现代可持续生态卫生技术研究

生态卫生的概念首先在德国被提出并很快得到许多欧洲国家的响应。国外在生态卫生系统设计、技术遴选、效果模拟等方面都取得了相关研究成果。Henriques 和 Louis（2011）应用容量因子分析法对印度尼西亚某城市的饮用水供应和灰水再利用技术进行筛选。Nakagawa 等（2006）以一个社区已建的生态卫生厕所和灰水处理设施与周边社区的化粪池进行水污染物负荷对比分析，得出可持续的生态卫生系统对水环境保护的意义。Magid 等（2006）应用一个理论框架分析城乡间营养物质和有机质循环的可能和障碍，并提出在已有技术基础上发展综合生态卫生管理系统的可能性。Katukiza 等（2012）提出了包括社会认可、技术和物理适用性、经济与制度等方面的可持续标准，来指导城市贫民区生态卫生技术的选择。Montangero 等（2007）在概率模型辅助下，利用物质流分析方法模拟不同人口规模和环境卫生技术组合情景对河内地下水抽取量和磷循环的影响，结果显示，环境卫生系统和农业系统的相互协调将提高作物生产的营养物质利用率、降低化学肥料支出和减少向环境排放的营养物质负荷。Schouten 和 Mathenge（2010）针对肯尼亚一个贫民窟，通过与政府官员、非政府组织人员和社区管理组织交流及实地调查 76 户不同卫生技术使用状况，从经济、技术和可接受度等方面论证了生态卫生厕所对居民区环境改善的重要性。

20 世纪 90 年代后期开始引进的国际生态卫生建设的相关项目，加速了我国农村生态厕所的发展。因此，我国生态卫生系统的实践主要集中在农村，而且偏重于改水、改厕和粪便无害化处理。1997～1999 年以吉林汪清县、山西清徐县、广西田阳县为试验现场，建立了一些试点性的分流厕所。目前，全国十多个省份已推广分流厕所，建分流厕所约数万座（王俊起等，2001）。关于农村生态卫生系统的工程实践，国内研究较多的主要是以沼气池卫生厕所为载体的农村生态（厕所）卫生系统和粪尿分集式生态卫生厕所（新型旱厕）。南方推广的"人畜-沼气-果树"模式和北方推广的"人畜-沼气-蔬菜"模式是两种典型的农村生态卫生系统。这两种模式均以沼气为纽带，联动种植业、养殖业等相关产业和环境卫生建设共同发展，使之相互依存、优势互补、多业结合、综合利用，同时改善环境。这两种模式都以其科学合理的能流和物流构成一个较为完整的农村生态卫生系统。

国内生态卫生理论研究还处于起步阶段，相关研究成果主要集中在方案设计与优化方面。周传斌等（2008）立足于社会-经济-自然复合生态系统结构与功能框架，以中国农村卫生系统为重点，在分析卫生系统现状水平的基础上，结合地理布局和社会经济发展状况，划分了中国发展生态卫生的 6 个分区，并探讨了各分区发展对策和系统瓶颈。周传斌等（2008）针对我国中西部城市的生态特征，组合了具有不同适应性的生态卫生技术，提出了 5 种优化技术方案，评价了各技术组合的环境影响、资源回收潜力、经济投入与收益、管理难度和公众接受程度，并分析了技术体系改进后可能产生的复合生态效益。周律和李健（2009）采用费用-效益方法分析了中国内蒙古鄂尔多斯郝兆奎生态小区生态卫生系统，并与同等规模的传统卫生系统进行经济性比较，继而证明生态卫生系统的经济性、优越性和可行性。

1.3.3　农村生态环境管理机制及政策研究

农村环境污染和生态破坏问题的症结之一在于管理问题，其实质是资源代谢在时间、空间尺度上的滞留或耗竭，系统耦合在结构、功能关系上的破碎和板结，社会行为在经济和生态管理上的冲突和失调（王如松，2003）。许多学者对各种管理工具在生态环境管理方面的应用进行了研究，俞孔坚等（2007）认为生态基础设施规划是生态环境服务功能实现的重要手段。资源环境可承载空间规划能够保证社会经济和自然环境协调发展，预防和减少生态环境的破坏。因此，空间规划是预防生态环境破坏的重要预防性措施（孟广文等，2005）。有学者从区域环境管理体制角度对我国生态环境保护问题进行了研究。张玉军和侯根然（2007）从区域环境管理中的府际关系入手，通过对政府间横向竞争和纵向府际关系的探讨，认为应强化中央政府调控、转变政府职能、鼓励政府间建立协作机制及综合考核机制来加强生态环境保护。中国生态环境问题的来源之一便是环境资源产权不明晰等导致的环境资源市场配置失灵，因此，要保证中国的环境安全和中国的市场化进程顺利进行，就必须建立环境财政，使政府在履行环境保护职能时有必要的财权基础（马中和蓝虹，2004）。同时，如何开展多尺度的区域生态环境安全预警成为关注的焦点，叶明武等（2007）从区域生态环境安全预警的内涵出发，重点探讨了如何利用情景分析法构建生态环境安全动态变化的驱动因子情景平台，并展开实证研究，为政府部门进行生态环境保护决策提供了更为科学的依据。此外，一些学者从农村环境污染防治机制和政策出发开展研究工作。例如，朱立安等（2005）、向平安等（2007）、刘建昌等（2005）、杨正勇（2004）分别基于各自的研究，从实行财政和市场补偿机制、生态控制、流域排污权交易、化肥农药课税、保险与补贴等方面提出污染防治的环境政策和经济手段。

近年来对各种环境政策工具的引入和效率分析逐渐增多。生态补偿机制是保护生态环境的有效方法，学者在对生态补偿机制执行过程中的缺陷进行讨论的基础上（赵景柱等，2006），就应该建立怎样的补偿机制进行了广泛的探讨（王金南等，2006a）。环境税收政策作为生态环境保护的一种管理手段，应该采取先易后难、先旧后新、先融后立的实施战略。首先消除不利于环境保护的补贴和税收优惠政策；其次综合考虑环境税和环境收费；再次实施融入型环境税方案对现有税制进行绿色化；最后引进独立型环境税（王金南等，2006b）。农村生态环境政策对农业生产、地区经济增长乃至整个国家的生态环境系统之间的协调发展具有十分重要的作用。当然，从世界范围看，对农村地区生态环境支持的政策还处于起步阶段，各种政策在实施过程中遇到的问题还有待进一步解决（Latacz-Lohmann and Hodge，2003）。

　　国外有关农村生态环境治理途径研究主要经历了以下几个阶段：一是庇古税。它为政府以强制性制度形式参与生态环境治理提供了基本框架，而且还成为支持政府干预经济的经典之论。二是纯市场理性及对政府管制的批判，在生态环境和资源利用中，不存在社会成本和私人成本差异，而缺乏明确的产权界定，没有市场价格，才是造成环境破坏的根本原因。三是纯市场理性及对政府管制的批判。Latacz-Lohmann 和 Hodge（2003）应用产权理论讨论了环境资源（如水资源）产权的设置与生态环境破坏的关系问题，提出了排污产权交易的设想。四是内在治理制度。有学者对介于市场制度与强制性制度之间的自治制度（即典型的内在制度）进行了分析，认为在小规模组织当中有可能建立一种既非纯粹的市场机制，也非绝对依赖于政府权力控制的强制性制度安排的，由使用者自发制定并实施的合约（Ostrom，2009）。目前，国外在此领域关注的热点问题是在既定的生态容量背景下，通过总量控制，合理进行污染负荷分配，并广泛运用经济手段（如税费、补贴、排污权交易等），通过市场途径与其他手段的有机结合来减少总污染（面源、点源和内源）的发生，最终提出具体的方案设计（Zhang，2014）。此外，还有众多学者从空间规划、环境规划、环境管理、组织制度创新等方面提出如何解决经济发展与农村生态环境之间的冲突问题（Wang et al.，2008）。Osborn 和 Datta（2006）分析了政府在治理破坏环境行为时所采用的环境管制与非管制的优缺点，认为单一的环境政策对保护环境的效果不是很明显，应综合管制、规划、排污权交易、居民自治等多种手段，形成保护农村生态环境的综合措施。

　　当然，在全世界范围内，对农村地区生态环境支持的政策还处于起步阶段，各种政策在实施过程中遇到的问题还有待进一步完善。在中国，传统的城乡二元体系导致农村生态环境政策相对于城市的环保政策呈现总体上的薄弱特征。为了避免现阶段在快速工业化和城市化进程中重走发达国家对农村生态环境先破坏后治理的道路，中国政府对农村问题的重视达到了前所未有的高度。为改善农村面貌，实现城乡统筹发展，自 2007 年中国提出生态文明建设以来，每一年的中央一号文件都聚焦农村问题，为此，中国政府先后开展了农村改水改厕工程（卫生部1999 年提出）、农村户用沼气工程（农业部 2003 年提出）、农村环境连片治理工程（环境保护部 2008 年提出）及宜居村庄示范工程（住房和城乡建设部 2013 年提出）等多项民生工程，为中国农村环境治理带来全新的发展机遇。

1.3.4　农村生态环境研究存在的问题

综上所述，不难发现，尽管我国农村环境污染防控及其相应的理论与实践研究均取得较大进展，但与农村社会可持续发展的现实要求尚有不小差距。众所周知，对农村生态环境建设的综合研究是一个多层次、多目标、多任务的系统工程，要遵循生态学、经济学、系统工程学的原理，农村人居环境方面的研究还存在以下不足。

（1）针对小尺度的农村生态环境建设的定量分析和实证研究还为数不多

在空间尺度上关于农村环境污染和生态建设的研究，我国大多数学者主要集中在省域甚至全国范围的大尺度，如何让空间尺度向下延伸，遵循"从自然界到人类社会，从大区域到小区域"的研究宗旨，使研究结论更具有针对性和指导性，将是今后研究的一个关键环节。

（2）农村生态环境技术的集成与整合研究相对缺乏

目前，国内外在农村生态环境保护工程技术和基础设施的研究，主要侧重于各单项技术的研究和示范，针对研究区域整套生态工程技术的集成和示范相对比较欠缺。很多单项技术难以提供科技支撑，难以满足需要，难以推广应用。因此，有必要重视和着力进行集成，从系统论和物质多级利用角度，集成与优化设计生活污水、垃圾、人畜排泄物等处理工艺，发挥复合生态效益，从而提高可利用水平，在更新的范畴、更广泛的领域和更深的程度上充分发挥其效益。

（3）农村人居环境改善的多方案分析比较与优化设计研究尚有待完善

据不同类型生态工程技术方案的成本效益分析的比较研究，对经济水平欠佳的发展中国家的农村地区和城市贫民窟而言，生态工程技术的经济可行性成为制约该技术推广应用的关键瓶颈因素。此外，低碳环保要求下，工程技术的环境和生态影响也不容忽视。因此，方案间经济成本、环境影响的比较及在此基础上对方案的优化设计，显得尤为必要。

1.4　研究内容和技术路线

本书建立了农村生态基础设施的理论框架，以农村污水、垃圾、粪便、秸秆的人居生态系统废物代谢子系统为研究对象，选取经济条件和气候条件形成差异梯度的北方三个农村——北京门头沟区水峪嘴村、河南省信阳市郝堂村、吉林省农安县苇子沟村为研究案例。首先对我国农村生态人居环境建设水平进行评价和类型划分，并分析各省份农村人居环境发展制约因子。其次，建立了基于复合生态系统理论的农村人居生态基础设施关键技术筛选框架，并结合三个案例村的特点进行关键技术筛选的实证研究。通过各案例村不同类型技术整合和集成的示范工程运行效果及优化设计，模拟和评估集成后的人居生态基础设施系统在水资源节约、营养物质闭合循环、温室气体减排、经济成本节约、创造就业等方面的复合生态效益。最后，对北方各类型农村提出生态基础设施建设的适应性管理措施。

本书的技术路线如图 1-2 所示。

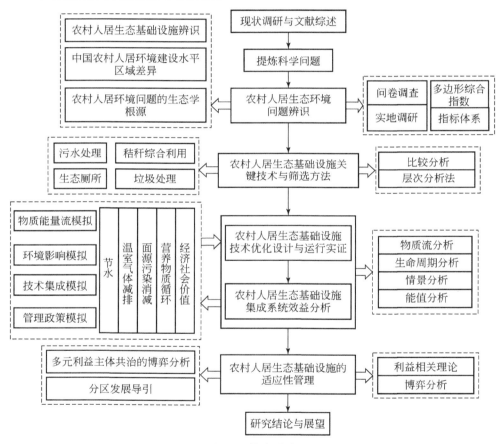

图 1-2 技术路线

1.5 关键科学问题

1）构建基于复合生态系统理论的农村人居环境问题的评价指标体系，诊断我国农村人居环境问题的生态学根源；

　　2）建立适用于分析小尺度农村人居环境"物质-能量-信息"结构、功能、过程的系统分析方法集；

　　3）基于我国北方农村人居生态环境特征参数，建立农村生态基础设施的关键技术筛选与集成方法，提出其适应性管理调控对策。

1.6　本　章　小　结

　　本章首先从我国正处在快速城镇化的新时期、实施规模空前的社会主义新农村建设等方面提出选题背景，阐述了农村生态基础设施建设的必要性和重要意义。在综述国内外农村生态环境保护和污染防控理论与实践研究的基础上，探讨分析了农村生态环境建设理论与实践研究的差距，凝练出本研究关键科学问题，提出了研究内容、研究思路和技术路线，本章为研究的全面展开搭建了总体框架。

| 第 2 章 | 农村人居生态基础设施的系统辨识

2.1 相关理论概念的解释

2.1.1 农村人居环境

建筑学家吴良镛受道萨迪亚斯的人类聚居学理论的启发，结合我国的特殊国情，创立了"人居环境科学"。他将人居环境定义为人类聚居生活的地方，是与人类生存活动密切相关的地表空间，它是人类在大自然中赖以生存的基地，是人类利用自然、改造自然的主要场所（吴良镛，2001）。根据吴良镛的观点，人居环境系统由五大子系统构成，即自然系统、人类系统、社会系统、居住系统、支撑系统，每个子系统又由若干个更低层次的要素组成，五大子系统之间的相互作用形成了人居环境系统结构模型（图 2-1）。在任何一个聚居环境中，五大子系统都综合地存在着，其中，人类系统和自然系统是构成人居环境主体的两个基本系统，居住系统和支撑系统则是组成满足人类聚居要求的基础条件；层次上，分为全球、区域、城市、社区（村镇）、建筑五大层次。各子系统遵循生态观原则、经济观原则、科技观原则、社会观原则和文化观原则。五大原则之间既相互联系又相互制约，在人居环境建设中必须统筹兼顾，协调平衡。这就搭起了人居环境科学的框架，为我国人居环境科学的研究打下了坚实的基础。

以生态学视角研究人居环境系统，诞生了人居生态学。生态学家王如松将人居生态学定义为：研究按生态学原理将城市住宅、交通、基础设施及消费过程与自然生态系统融为一体，为城市居民提供适宜的人居环境（包括居室环境、交通环境和社区环境）并最大限度地减少环境影响的生态学措施（王如松，2001）。

长期以来，城市人居环境研究一直受到人们的重点关注，而对农村人居环境的研究成果比较少，其定义和内涵也不统一。众多学者都是根据吴良镛的定义，再结合农村人居环境特点及自身理解所做出的科学解释。胡伟等（2006）将农村人居环境内涵定义为：农村村镇人居环境指人类在乡村这样一个大的地理系统背景下，进行居住、耕作、交通、文化、教育、卫生、娱乐等活动，在利用自然、改造自然的过程中创造的环境。李伯华等（2008）把农村人居环境的内涵分解为人文环境、地域空间环境和自然生态环境，三者之间遵循一定的逻辑关联，共同构成农村人居环境的内容。彭震伟和陆嘉（2009）把农村人居环境理解为农村社会环境、自然环境和人工环境共同组成体，是对农村的生态、环境、社会等各方面的综合反映，是城乡人居环境中的重要内容。参考学者对农村人居环境的理解，本研究认为农村人居环境是由与农村居民生产、生活密切相关的物质和非物质环境组成的一类社会-经济-自然的复合体。农村人居环境由自然生态环境、经济环境、居住生活环境、社会文化环境、基础设施环境五部分组成。

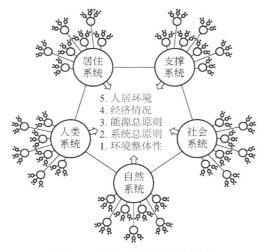

图 2-1　人居环境系统结构模型

资料来源：吴良镛，2001

2.1.2　农村生态基础设施

生态基础设施（ecological infrastructure，EI）是近年来在景观规划、生态经济研究、生物多样性保护、生态城市建设等领域出现的一个新概念。生态基础设施是生态系统服务功能在实际物质空间环境中的具体体现，是实现人类社会可持续发展的具有可操作性的自然生态恢复和维护（俞孔坚和李迪华，2007）。结合关于生态基础设施的相关研究，并综合农村生态系统特点和农村作为社会-经济-自然的复合体的内在发展要求，本研究认为，农村生态基础设施（rural ecological infrastructure）指为农民生产和生活提供生态服务、保证自然和人文生态过程健康运行的公共服务系统。农村生态基础设施不仅是农村赖以生存发展的基本物质条件，又是城市得以正常运行的生态基础。

农村生态基础设施遵循竞生、共生、再生、自生的生态控制论机理，以提供生态服务功能为目的。按生态学原理，农村生态基础设施将农村景观、道路、能源、水文、卫生、人文与自然生态系统融为一体，为农民提供适宜的人居环境。农村生态基础设施不仅包括工程性公共设施（physical infrastructure），还包括社会性基础设施（social infrastructure）。前者又包括农村生态水文基础设施、农村生态能源基础设施、农村生态卫生基础设施、农村生态建筑基础设施、农村生态景观基础设施五部分，而后者可以用农村生态人文基础设施来表达。农村生态基础设施将城市与乡村、环境与经济、自然科学与社会科学有机结合，强调宏观与微观、软科学与硬技术及传统文化和现代科学的结合。农村生态基础设施建设的目标是，保护与合理利用农村生态资产（水源、土壤、气候、景观、植被、生物多样性、风俗文化等），增强农村生态系统的生态服务功能（营养元素循环、土壤熟化、水文调节、水资源供应、休闲娱乐场所等）。

农村生态基础设施中各个部分提供生态服务功能不同，生态水文基础设施提供安全饮水、蓄积雨水、清洁排水、零能耗净水、生态活水等功能；生态能源基础设施提供太阳能、沼气、风能、生物质能等清洁能源功能；生态卫生基础设施提供粪便、垃圾等健康处理功能；生态建筑基础设施从建筑形态、结构、材料、设施、格局等方面提供居住功能；生态景观基础设施通过风水林、庭院、池塘、活化的道路和地表等建设提供宜居景观功能；生态人文基础设施从文脉、信仰、教育、医疗、文体等方面提供休闲保健等功能。以人为核心的生态人文基础设施统领生态水文基础设施、生态卫生基础设施、生态能源基础设施、生态建筑基础设施和生态景观基础设施，自然生态基础设施与人文生态基础设施彼此联系、相互影响，以复合生态系统理论来整合和协调基本要素之间的关系，形成"五位一体"的农村生态基础设施（图 2-2）。

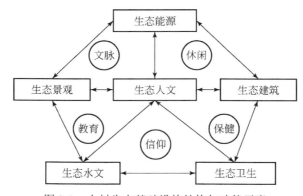

图 2-2　农村生态基础设施结构与功能示意

考虑到我国广大农村地区财力状况薄弱、农民实际承受能力较低这一普遍情况，科学合理地利用农村地区现有的自然条件，因地因时制宜地建设农村生态基础设施，尽量避免人工基础设施建设。农村生态基础设施建设要以不损害、不破坏生态系统完整性为前提，在环境承载力容许的范围内，利用与保护生态资产（水、土、气、景观、生物多样性）及生态服务。

2.1.3 农村生态基础设施复合生态系统分析框架

2.1.3.1 系统要素

本研究结合人居环境理论和农村生态基础设施组成与结构，构建了农村生态基础设施复合生态系统分析框架，如图 2-3 所示。农村人居生态系统是一类由自然环境、废弃物代谢、居住环境、景观和文化组成的社会-经济-自然复合生态系统。通过各子系统生态基础设施的建设，以改善卫生状况、促进生态循环、保障生态安全为基本任务，以创造健康、卫生、安全、舒适和文明的人居环境为目标。

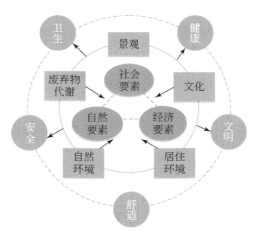

图 2-3　农村生态基础设施复合生态系统分析框架

作为一个复合生态系统，农村人居生态系统的各个子系统中都具有自然、经济、社会各方面要素。

1）自然要素：水、土、气、生、矿等自然环境是农村人居生态系统的基础。气温、降水量、相对湿度、风速等自然气候要素关系农村人居生态基础设施建设关键技术的选择，废弃物代谢、景观、文化和居住环境子系统都因自然环境的不同而有差异。

2）经济要素：经济的发达程度、产业结构、居民的消费水平及消费方式都将影响农村人居生态基础设施的建设。经济发达、居民消费水平高的农村，会优先选择发展先进技术及先进管理方法，结合新农村及生态型人居建设，创建高水平试验示范点，展示、引领及推动农村人居生态基础设施的发展。

3）社会要素：一方面农村人居生态基础设施建设需要由政府主导、市场推动、科技催化、公众参与，政府、企业、科研单位、农民等多元社会主体之间进行着利益和义务的博弈。另一方面，农民的文化素质对农村人居生态基础设施的维护也有一定影响。改善农村人居环境，不仅要改水、改厕、改厨、改栏、改浴等，还要改造人的生活方式和行为习惯。

2.1.3.2 系统结构

农村人居生态系统可分为五个子系统，各子系统之间的联系如图2-3所示。

1）自然环境子系统：包括气候、土壤、水文及地形、地貌等自然要素和自然生态系统。自然环境是农村人居生态系统的基础，农民的生产生活及具体的人居环境建设活动都离不开更为广阔的自然背景。

2）废弃物代谢子系统：包含人居活动产生的粪便、垃圾、污水、废气、废热的排放、收集、处理和循环利用的生态技术和设施。它是农村生活和生产活动中资源从自然流向社会再回到自然的生产、加工、消费、流通、还原的全生命周期过程，以及能量从太阳能及其转化而来的化石能的合理消费及耗散过程。

3）居住环境子系统：旨在为农民提供安全的物质条件与生活环境，包括清洁安全的饮水、空气、食物、住房、交通、通信等，以及防灾减灾的能力等。

4）景观子系统：一类由物理景观（地质、地形、地貌、水文、气象）、生物群落（动物、植物、微生物）、经济过程（生产、消费、流通、还原、调控）、社会网络（体制、法规、机构、组织）在时间（过去、现在和未来）及空间（与周边环境、区域生态系统乃至资源和市场腹地的关系）范畴上相互作用形成的多维生态关系复合体。它不仅包括有形的地理和生物景观，还包括无形的个体与整体、内部与外部、过去和未来及主观与客观间的系统生态联系。

5）文化子系统：包括体制文化（管理社会、经济和自然生态关系的体制、制度、政策、法规、机构、组织等）、认知文化（对自然和人文生态及天人关系的认知和知识的延续）、物态文化（人类改造自然、适应自然的物质生产和生活方式及消费行为，以及有关自然和人文生态关系的物质产品）、心态文化（人类行为及精神生活的规范，如道德、伦理、信仰、价值观等，以及有关自然和人文生态关系的精神产品，如文学、音乐、美术、声像等）。

2.1.3.3 系统功能和目标

从系统功能分析，农村人居生态系统具备的系统功能包括：①生产功能，优良的人居环境可以促进农村生产方式转变，提高农民生产条件。②生活功能，农村人居环境改善，满足农村居民的基本生活的卫生需求。③生态功能，包括净化（干净、安静、卫生、安全）、绿化（结构、功能、过程、机制）、活化（水欢、风畅、土肥、生茂）、美化（形、神、色、构、序）和文化（人气、文脉、肌理、风貌）功能。

农村人居复合生态系统通过基础设施的建设和强化，实现以下目标。

1）卫生：包括环境卫生和生理健康卫生。

2）舒适：包括舒服的生活环境、物理环境和舒畅的心理环境。

3）安全：包括物质安全（饮水、食物、粮食、结构性能和防灾减灾等）及生理和心理影响上的安全。

4）健康：节能低耗、循环利用、再生转换，能够维持自身的组织结构长期稳定，并具有自我运作能力。

5）文明：农民在进行农业生产、生活时，主动、积极地改善和优化农村内部、农村自身发展与自然的关系，以及建设良好的农村生态环境、塑造良好的农村面貌、提高农民自身素质等。

2.1.4 研究边界

本研究将农村人居生态基础设施的研究聚焦在废弃物代谢子系统，以解决困扰农民生活环境的生活污水、生活垃圾、秸秆和厕所问题为重点，所涉及的农村人居生态基础设施包括有机垃圾资源化处理设施、污水生态化净化设施、生态厕所设施和雨水循环利用设施。立足于生态学原理和生态工程原则，从根本上解决人居环境物质代谢的污染排放和卫生问题，对人居环境物质代谢系统进行再思考和再设计。

2.2 中国农村人居环境建设水平区域分布差异

改善农村人居环境，是城乡一体化的总抓手，是全面建成小康社会重要的基础性保障。随着国家对农村人居环境问题的不断关注，准确评价中国农村区域人居环境水平的实际状况，认真分析中国农村人居环境水平的区域差异特征，是认真落实《国务院办公厅关于改善农村人居环境的指导意见》中"因地制宜、分类指导"基本原则的体现，对新时期我国农村区域人居环境发展战略的制定与实施具有非常重要的现实意义。因此，本研究以复合生态系统理论为指导，构建了评价农村人居环境发展水平的综合指标体系，运用全排列多边形综合指数法，试图对我国农村人居环境发展水平的区域差异进行科学合理的综合评价与分析，并揭示区域发展差异性，探寻各区域农村人居环境发展的对策。

2.2.1　农村人居环境的测度

人类社会实质上是一类以人的行为为主导、自然环境为依托、资源流动为命脉、社会体制为经络的社会-经济-自然复合生态系统（马世骏和王如松，1984）。农村人居环境是自然环境、区位空间、人类活动等要素的综合体现，也是一个复杂的多层次、多要素的复合系统。本研究在遵循全面性、层次性、可操作性等原则的基础上，针对全国农村生产生活实际和新农村建设发展现状，借鉴城市人居环境评价的有益经验（刘钦普等，2005）和当前农村人居环境质量评价指标的研究成果（李健娜等，2006；周侃和蔺雪芹，2011）及生态村和生态乡镇创建标准，建立和发展了一套评价农村人居环境的指标体系，分别从生态环境、经济发展、居住条件、公共服务、基础设施 5 个方面对农村人居环境复合生态系统的自然、经济和社会 3 个子系统进行评价，如图 2-4 所示。5 个子系统由 20 个指标分别表征，构成指标体系，见表 2-1。

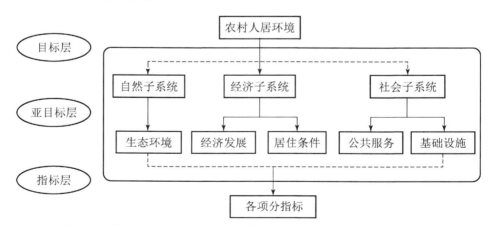

图 2-4　社会-经济-自然复合生态系统农村人居环境评价指标体系结构

表 2-1　社会-经济-自然复合生态系统农村人居环境评价指标体系

目标层	亚目标层	分类层	指标层
农村人居环境 A	生态环境 B₁	环境质量	生活用能中清洁能源所占比例（%）C_1（+）
			化肥施用强度（kg/hm²）C_2（−）
			农药使用强度（kg/hm²）C_3（−）
			农用薄膜使用强度（kg/hm²）C_4（−）
		生态维护	自然保护区所占面积比（%）C_5（+）
	经济发展 B₂	经济实力	农民人均纯收入［元/（人·年）］C_6（+）
		消费能力	农村恩格尔系数 C_7（−）
	居住条件 B₃	住房条件	农村人均住房面积（m²/人）C_8（+）
			新建住房价值（元/m²）C_9（+）
		建设能力	新建住房钢筋混凝土结构面积比重（%）C_{10}（+）
	公共服务 B₄	文化	每百人文化站个数（个）C_{11}（+）
		社保	每百人养老机构个数（个）C_{12}（+）
		医疗	每百人农业人口卫生室人员（人）C_{13}（+）
		教育	预算内教育消费占财政支出比例（%）C_{14}（+）
	基础设施 B₅	卫生条件	卫生厕所普及率（%）C_{15}（+）
			开展生活垃圾处理的行政村比例（%）C_{16}（+）
		供排水	开展生活污水处理的行政村比例（%）C_{17}（+）
			自来水受益人口比例（%）C_{18}（+）
		道路	建制村公路通达率（%）C_{19}（+）
		通信	开通互联网宽带业务行政村的比例（%）C_{20}（+）

注："+"表示正向指标，"−"表示逆向指标

具体解释及说明如下：

1）生活用能中清洁能源所占比例，指换算为指标煤后，电能、液化气、太阳能和沼气占农村生活用能的比例，反映农村能源消费状况。

2）化肥施用强度，指单位耕地面积化肥施用量，反映农村土壤的污染状况。

3）农药使用强度，指单位耕地面积农药使用量，反映农村生态环境胁迫状况。

4）农用薄膜使用强度，指单位耕地面积农用薄膜使用量，反映农村土壤的污染状况。

5）自然保护区所占面积比，指自然保护区面积占辖区总面积比例，自然保护区的建设对当地农村涵养水源、调节气候、保持水土等生态环境的维护起到了至

关重要的作用。

6）农民人均纯收入，指按人口平均的纯收入水平，反映的是一个地区或一个农户的平均收入水平。纯收入即农村住户当年从各个来源得到的总收入相应地扣除所发生的费用后的收入总和。

7）农村恩格尔系数，指农民的食物支出金额在其生活消费性总支出金额中所占的比例，是表示农民生活消费水平高低的一个指标。

8）农村人均住房面积，是指根据农村住户居住情况统计的家庭人口平均居住面积，是反映农村居民居住条件的重要指标。

9）新建住房价值，指农村新建住房在当地的平均价格，用以反映农村住房建设潜力。

10）新建住房钢筋混凝土结构面积比重，指房屋的梁、柱、承重墙等主要部分是用钢筋混凝土建造的房屋面积与新建住房面积的比值，反映农村住房建设能力。

11）每百人文化站个数，指百人农业人口所拥有的乡镇文化站个数，用以表示农村文化公共服务设施的普及状况。

12）每百人养老机构个数，指百人农业人口所拥有的养老服务机构单位数，用以表示农村地区社会保障制度的实施情况。

13）每百人农业人口卫生室人员，用以表示农村医疗服务设施的配备情况。

14）预算内教育消费占财政支出比例，用以表示对农村教育公共服务的财政投入状况。

15）卫生厕所普及率，指农村地区使用卫生厕所的户数所占的比例，用以表示农村庭院的卫生情况。

16）开展生活垃圾处理的行政村比例，指开展农村生活垃圾收运、处理或资源化利用，受益农户达到全村农户总数 40%的行政村占乡镇行政村（不含建成区所在行政村）总数的百分比。行政村生活垃圾处理和资源化利用包括进入城镇垃圾处理系统、制造沼气、堆肥等方式。

17）开展生活污水处理的行政村比例，开展生活污水处理的行政村指通过符合当地实际的处理方式对生活污水进行处理，且收益农户达到 50%以上的行政村。

18）自来水受益人口比例，指享用自来水人口占农村总人口的比值，表示农村供水设施的配备情况。

19）建制村公路通达率，指达到通达标准的建制村数量占辖区内建制村总数的比例。根据交通部《全国农村公路统计标准》，将通达标准定义为路面宽度≥3.0m，路面类型可保证晴雨通车。

20）开通互联网宽带业务行政村的比例，用以表示农村居民使用通信设施的情况。

2.2.2 方法选择与数据来源

2.2.2.1 研究方法

全排列多边形指数法最早的应用出现在生态评价方面，主要在城市生态效果的评价中，吴琼等（2005）、王如松和徐洪喜（2005）最早开始基于全排列多边形指数法的生态评价相关研究。随后，该方法又被引入土地利用评价（周伟等，2012；程龙和董捷，2013）、可持续利用评价（王书玉和卞新民，2007；龚艳冰等，2011；张雷等，2014）、生态安全性评价（饶清华等，2011）等方面的研究。研究证明，全排列多边形指数法，既能反映综合指数，又能反映单项指标，并有效避免了主观因素在评价过程中的影响。

全排列多边形指数法的基本思想是：假设评价对象共有 n 个评价指标，这 n 个评价指标之间有相对的独立性。首先对数据对象进行标准化，标准化方法采用双曲线标准化函数。

$$F(x) = \frac{a}{bx + c} \tag{2-1}$$

$$\left(\left. F(x) \right|_{x=L} = -1 \quad \left. F(x) \right|_{x=T} = 0 \quad \left. F(x) \right|_{x=U} = 1 \right)$$

式中，a、b、c 为双曲线函数的参数；L、U、T 分别为指标 x 的下限值、上限值和临界值。根据标准化公式，得到最终的标准化函数。

$$F(x) = \frac{(U - L)(x - T)}{(U + L - 2T)x + UT + LT - 2UL} \tag{2-2}$$

分析标准化函数 $F(x)$ 的性质可知，标准化函数 $F(x)$ 可以将位于上限与下限之间的指标值映射到 [-1，1]，这样的数值既保持了原有的相对大小关系，又使归一化的处理更便于后续的比较研究。该标准化函数还改变了指标在 [-1，1] 的增长速度，当指标值小于临界值时，标准化后的指标变化速率越来越慢；反之，标准化后的指标变化速率越来越快，变化速度的临界点是临界值位置。所以，对第 i 个指标对象，标准化值计算公式为

$$S_i = \frac{(U_i - L_i)(x_i - T_i)}{(U_i + L_i - 2T_i)x + U_i T_i + L_i T_i - 2U_i L_i} \tag{2-3}$$

为实现综合指数的纵向比较，指标下限值可根据指标最小值确定，指标上限值可根据指标最大值确定，临界值可根据待评价对象评价指标的平均值确定。当

指标为正向指标时，最小值即为最小值，当指标为逆向指标时，需将数据取负值后再进行最大值、最小值的判断。可知，$S(x)$ 越大，评价结果越好。因此，全排列多边形综合指数 S 计算公式为

$$S = \frac{\sum\limits_{i \neq j}^{i, j} (S_i + 1)(S_j + 1)}{2n(n-1)} \tag{2-4}$$

式中，S_i 为第 i 项指标；S_j 为第 j 项指标（$i < j$）；n 为指标个数。

全排列多边形指数法是一种客观的评价方法，在评价过程中没有涉及主观性较强的权重确定问题，使得评价结果最大限度地反映评价对象的真实水平。该方法与现有的多因素统计方法相比有较大优势，其主要特点包括计算简单、可视化效果好、可观性强等。

2.2.2.2　数据获取

鉴于数据的可获取性和研究的时效性，本研究选取全国各省（自治区、直辖市）2012 年的统计数据，由于西藏、台湾、香港和澳门数据不完整，暂未列入统计之列。其中，数据 C_1 来源于《中国新能源与可再生能源年鉴 2013》（中国可再生能源协会，2014）、数据 $C_2 \sim C_5$、$C_8 \sim C_{13}$ 来源于《中国农村统计年鉴 2013》（国家统计局农村社会经济调查司，2014），数据 C_{15}、C_{18} 来源于《中国卫生统计年鉴 2013》（中华人民共和国卫生部，2014），数据 C_{16}、C_{17} 来源于《中国城乡建设统计年鉴 2013》（中华人民共和国住房和城乡建设部，2014），数据 C_{19} 来源于全国农村公路通达情况专项调查公报（2008），数据 C_{14} 来源于《中国教育统计年鉴 2013》（中华人民共和国教育部发展规划司，2014），数据 C_6、C_7、C_{20} 来源于《中国统计年鉴 2013》（中华人民共和国国家统计局，2014）。通过对统计年鉴中原始数据的分析和统计，并通过式（2-3）进行标准化处理。标准化处理过之后，利用式（2-4）计算 5 个分项评价指数和综合评价指数值。

2.2.3　农村人居环境建设水平空间分异

运用全排列多边形指数法对全国各省（自治区、直辖市）农村人居环境指标进行标准化处理，针对农村人居环境发展水平从生态环境、基础设施、公共服务、居住条件和经济发展 5 个方面进行分类评价，在此基础上再进行综合评价。

2.2.3.1　分项评价指数结果分析

生态环境建设是人居环境可持续发展的基石，农村人居生态环境评价指数从

人类活动对农村环境质量的影响和生态维护水平 2 方面来衡量，通过生活用能中清洁能源所占比例、化肥施用强度、农药薄膜使用强度和自然保护区所占面积比例等指标，分别从空气、土壤、水环境污染程度和生态本底建设 4 方面来表征。由图 2-5 可以发现，农村人居生态环境评价指数全国为 0.34，高于全国水平的 9 个省份中，西部地区占 4 个，分别是青海、重庆、贵州、新疆，东北地区仅黑龙江 1 个，华北地区 3 个，包括山西、内蒙古和天津，东南沿海地区仅广西 1 个。在这 9 个省份中，青海生态环境评价指数最高，为 0.58。说明这 9 个省份农村生态环境本底破坏程度低，相对较大的自然保护区面积比例起到调节生态平衡的作用，特别是青海，其自然保护面积比例占到 30.2%，远高出发达国家农村水平。山东、河南、浙江、广东、上海和福建分别是农村人居生态环境评价指数的后 6 位，生态环境评价指数低于 0.1。山东、河南是粮食主产区，农业生产中农药、化肥等的大量使用带来农村的面源污染；浙江、广东、上海和福建农村工业发达、人口密度大，农村经济发展模式粗放，这在很大程度上对农村生态环境产生胁迫。总体而言，全国农村人居生态环境西部地区高于东北和华北地区，京津、东南沿海和中部地区水平较差。

经济发展通过经济实力和消费能力来衡量，用农村人均纯收入和农村恩格尔系数 2 个指标表征。由图 2-5 可知，经济发展高于全国水平的省份有 8 个，分别是北京、天津、山东及东南沿海地区的江苏、浙江、上海、广东和福建，其中，北京最高，经济发展评价指数超过 0.75，江苏、天津和浙江的经济发展评价指数超过 0.5。这 8 个省份自然条件优越，农村经济基础好，发展实力雄厚。农村经济较落后的 5 个省份有四川、云南、贵州、海南和甘肃，经济发展评价指数低于 0.1，处于 0.003~0.09。这 5 个省份由于农业发展条件差，农村经济水平较低。整体而言，农村人居环境经济发展水平区域差异较明显，呈现京津、东南沿海地区最高，东北次之，西部地区最低的规律。

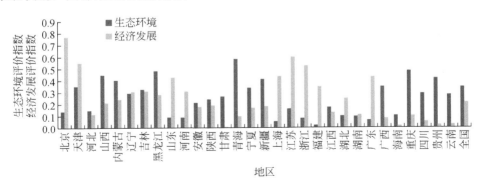

图 2-5　全国各地区农村生态环境评价指数和经济发展评价指数

住房是改善人居环境的基础条件，农村人居环境居住条件包括住房条件和建设能力两方面，用农村人均住房面积、新建住房价值和新建住房钢筋混凝土结构面积比重 3 个指标来表征。由图 2-6 可知，人居环境居住条件评价指数在 0.45 以上的省份有 5 个，分别是上海、浙江、福建、重庆和江苏，这些地区均是我国经济发达省份，住房多以钢筋混凝土结构为主，新农村发展成效卓著。居住条件评价结果后 5位分别是甘肃、新疆、吉林、内蒙古和青海，受当地气候和农民生活习惯影响，人居住房面积不大，并多以土木结构为主，住房价值受经济收入影响而受挫。从全国农村人居环境居住条件区域差异来看，东南沿海优于京津地区，京津地区优于华北地区（除京津以外），华北地区优于东北地区，东北地区优于西部地区。

实现人居环境的可持续发展，需要重视加强教育、医疗卫生及社会保障事业等公共服务的发展，实现农村公共服务均等化是缩小城乡差距、构建和谐社会的任务要求，公共服务包括文化服务、义务教育、社会保障、基本医疗等方面，本研究选用每百人文化站个数、每百人养老机构个数、每百人农业人口卫生室人员及预算内教育消费占财政支出比例 4 个指标来表征。由图 2-6 可知，高于全国农村公共服务水平的省份有北京、上海、浙江、重庆、天津和江苏。北京近几年不断加大用以改善民生的教育、文化、医疗等领域的投入，其农村公共服务评价指数最高，超过 0.5；其他 5 个省份在构建新型农村公共服务体系方面也一直走在全国前列，公共服务评价指数处于 0.3～0.4。后 5 位分别是广西、贵州、黑龙江、宁夏和云南，评价指数均小于 0.15，这些地区均存在公共服务供给不足、公共基础设施建设薄弱、农村劳动力文化教育水平低等问题。农村人居公共服务水平整体呈现京津地区优于东南沿海，东南沿海优于华北和中部地区，西部地区最差的规律。

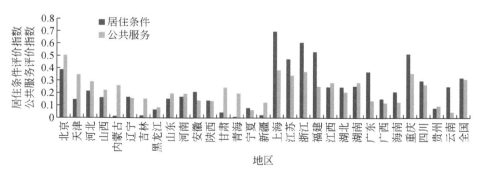

图 2-6　全国各地区农村居住条件评价指数和公共服务评价指数

基础设施不仅是改善人居环境的物质基础，也是农村经济、社会、文化各项活动的载体，农村人居环境基础设施从卫生条件、供排水、道路、通信 4 个方面来衡量，包括卫生厕所普及率、自来水受益人口比例等 6 个指标。通过图 2-7 可知，农村人居基础设施评价指数广东最高，指数为 0.69，上海、福建、江苏、浙江、北京、天津和山东 7 个省份的农村人居基础设施评价指数均高于 0.5，超过全国水平。这些地区是我国农村环境连片整治示范省，农村经济增长迅速，对基础设施建设投入的资金相对充足。相比之下，云南、甘肃、陕西、贵州 4 个西部省份基础设施评价指数低于 0.1，最低的贵州基础设施评价指数只有 0.02，农村基础设施建设基础差、底子薄、欠账多。整体而言，全国农村人居环境基础设施水平东南沿海地区最高，京津地区其次，西部地区基础设施建设最薄弱。

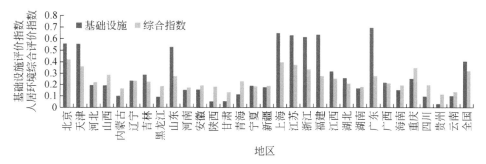

图 2-7　全国各地区基础设施评价指数和人居环境综合评价指数

2.2.3.2　人民环境综合评价指数结果分析

由图 2-7 可知，全国农村人居环境综合评价指数为 0.32，高于全国水平的省份有 6 个，包括北京、上海、江苏、天津、重庆和浙江，其中，北京农村人居环境综合评价指数最高（0.42）。这 6 个地区是我国农村人居环境建设的先行示范基地，以村庄环境整治为切入点，通过实施卓有成效的工程来持续改善农村人居环境。例如，北京郊区农村的"三起来"工程（农村亮起来、农民暖起来、农业资源循环起来）、浙江农村的"千村示范万村整治"工程等，这些工程以完善村镇服务功能、提升村民生活品质为目标，极大地推动了当地农村人居环境建设。内蒙古、云南、甘肃和贵州全国农村人居环境综合指数均低于 0.17，处于最后 4 位。这些地区农村居民住房、饮水和出行等基本生活条件亟待改善，农村人居环境建设的任务还很艰巨。

由人居环境综合评价指数结果可见，我国各省区的农村人居环境整体水平偏低（小于 0.4）。区域差异显著，呈现京津、东南沿海农村经济较富裕的地区农村人居环境指数相对较高，西部边远落后地区农村人居环境指数相对较低的规律。究其原因，中国的农村环境治理工作主要是依靠政府投入拉动。为改善农村面貌，中央政府各主管部门开展了多项农村民生工程。具体包括农业部开展的农村户用沼气工程、卫生部开展的农村改水改厕工程、环境保护部开展的农村环境连片治理工程及住房和城乡建设部开展的宜居村庄示范工程。这些全国范围农村人居改造工程的实施，为农村居民生活条件的改善起到积极的促进作用。但是，目前还存在投入总量偏低、技术水平较低、管理条块分割、集中效果不明显等问题。各部委所实施的农村示范工程，多以政府投入、地方配套和以奖代补的形式来开展，地方政府仍是投资主力，这对西部经济基础薄弱的地区是严峻的挑战，大多面临农村生态环境问题突出和经济投入不足的窘境。此外，我国长期城乡生态环境管理的二元化，重城轻乡，对农村居民生存环境问题重视不够，造成农村环境复合污染（污染类型多样和污染来源多层面）和农村生态资源退化。

2.2.3.3 研究结论

通过以上分析，可以得出：农村人居环境综合指数全国整体水平不高；农村人居综合指数以及农村人居环境基础设施、公共服务设施、居住条件和经济发展4 个亚目标层分项指数在地理空间分布上有一定的规律性，东南沿海、京津地区建设水平相对较高，西部地区水平最低。这种分布格局与全国的经济发展水平格局基本一致，但不完全相同。而农村生态环境亚目标层分项指数却呈现相反的规律，大部分西部地区生态环境分项指数相对较高。说明我国农村人居环境建设尚未与生态环境保育同步，经济因素虽然不是引起农村人居环境差异的决定因素，却是造成人居环境差异的主导因素。因此，各级政府应加大对农村人居环境建设投入的力度，尤其是提高对西部农村地区生态补偿的财政支持。此外，统筹城乡发展，努力将农村人居环境建设纳入区域城镇化发展的大背景下进行整体规划，并建立长效运行管理机制。积极推进制定农村人居环境建设技术政策，分区分类指导，强化技术政策的针对性。

农村人居环境建设相关性的研究尚处于起步阶段，研究所涉及的因素众多。本研究为定量评价和比较全国各省域农村人居环境状况，考虑到数据资料的准确性和可获取性，所选择的指标局限于统计年鉴和各地区相关研究报告等已有的资料数据。因此，在农村人居环境表征的全面性方面还有待进一步补充完善。未来随着住房与城乡建设部全国范围农村人居环境调查工作的有序开展，以及全国农村人居环境信息系统的建立，将为全面把握和评估全国农村人居环境状况，定量评估和分析农村人居环境系统提供数据支撑和基础。

农村社会经济发展和新农村建设是一个循序渐进的过程，随着社会经济环境的发展及农村发展背景的转变，对农村人居环境建设的认识也会不断深化。因此，开展农村人居环境时空演变研究，以把握一定时期内人居环境安全的发展趋势，探索其动态变化的驱动因子是今后要继续研究的方向。

2.3 北方农村人居生态环境的特征识别

北方农村保持中国传统的"小聚居、大散居"的分布格局，相比于南方地区，北方地区农村耕地多，部分地区经济发展相对滞后。随着经济发展和城镇化建设，北方农村地区生态环境建设问题日益受到关注。而北方农村地区干旱缺水，土壤有机质贫瘠，冬季严寒，加之居住分散和相对落后的经济基础，制约着各项技术处理的深度和广度，使得农村生态建设技术的选择受到一定限制。

目前，我国农村环境综合整治的实施主体是以村庄为单位，实施措施以污水处理和垃圾处理为主，并且出台了处理技术指南，提出各种处理技术。由于受气候、地理等条件的影响，这些技术在北方农村推广应用时，受到北方农村的人居生态环境特征的限制，不可按步照搬南方的处理技术。在北方农村人居环境研究中，需要考虑北方农村生活污水、垃圾及秸秆排放的特征，同时还需关注北方农村区域间的差异，如干旱缺水、土壤贫瘠的中西部地区及冬季寒冷、冰冻期长的东北寒冷地区。

（1）生活污水排放和处理特征

根据相关调研和资料查询，北方寒冷地区分散性生活污水的特征有：①人口少，污水排放量较小。北方地区经济相对落后，严寒地区基本无淋浴或水冲厕所排水，有卫生设备和淋浴设备的排水量为 80～115L/（人•d），无淋浴设备的为35～65L/（人•d）（毛世峰等，2014），另外，外出务工人口较多，用水量和排水量人均较少。②分散性生活污水排放量变化幅度明显。受雨季及用水量影响，污水水量、水质变化大，日变化系数大（3.5～5.0）（吴文学等，2006），造成了污水处理人均投资高。③污水类型简单，可生化性好，几乎不含有毒、有害物质。④经济发展水平偏低，经济承受能力弱，可供选择的适用技术有限。⑤管网不健全，污水排放分散，难以集中。

（2）生活垃圾排放和处理特征

我国严寒地区农村生活垃圾产量、成分总体特点表现为：①与城市相比，人均生活垃圾产量低。北方地区尤其是东北和西北地区，地广人稀，户内外垃圾消纳能力大，每个村庄或屯的垃圾产量很少。②垃圾产生源分散，收集难度大。北方村民居住比较分散，户与户、屯与屯之间的距离较远，农村的交通运输不发达，基础设施薄弱，导致北方农村地区的垃圾收集及处理都成问题。③垃圾成分不同。与其他地区农村相比，北方地区冬季气候干燥、寒冷，低温持续时间较长，广大农村冬季必须烧火取暖，该时期的生活垃圾以灰分、渣土为主。④垃圾分类难度大。废弃的生活垃圾在低温下很容易堆积冻成一体，导致冰封期村镇生活垃圾分类、收集及处理难度相对增加，对严寒地区农村生活垃圾无害化和资源化处理提出了严峻的挑战。

（3）秸秆排放和处理特征

和粮食生产区域性分布特点相一致，北方各省具有丰富的秸秆资源，尤其是小麦秸秆和玉米秸秆，分别占全国秸秆总量的 71.36% 和 82.14%（毕于运，2010）。秸秆综合利用存在以下问题：①秸秆利用率低。受经济发展水平和寒冷气候条件的影响，农作物秸秆一直是北方农民用于炊事、采暖的主要生活燃料，但是利用率较低，除留足家用外，大部分秸秆被粉碎、焚烧或丢弃，焚烧比例在 30% 以上（曹国良等，2007）。②秸秆收储运难度大，成本偏高。北方农业具有分散生产、小农经营的特点，造成全秸秆收购的对象多为分散的农户，为秸秆的大量收购带来很大难度。此外，秸秆自身具有质地松散、密度低，体积大，易虫蚀、霉变和腐烂，以及季节性强等特点，收集、运输、存储、防腐等成本急剧上升。③资源利用结构不合理。用于农村新型能源开发利用的秸秆数量十分有限，特别是用于"四化一电"（秸秆气化、秸秆固化、秸秆炭化、秸秆液化和秸秆发电）的比重很低，秸秆产业化发展仍比较薄弱。

2.4 农村人居环境问题的生态学根源

（1）"流"过程失调（农村代谢过程的失调）

农村如同一个生命有机体，也需要完成吸收、消化、排泄等过程，是一个基于自然生态、人为和自然共同支配的综合体，需要通过持续不断的代谢完成其正常运转。对整个农村系统而言，新陈代谢开始于物质的利用和资源的消耗，其中一部分物质和能量被作为农村基础设施、建筑物和农作物储存起来，随之而来的是大量污染物被排放出来，然而自然环境对废弃物的降解能力是有限的，代谢过程中仅有较少的废弃物被循环利用，大部分废弃物最终排放到周边环境中，造成农村生态环境恶化。因此，农村生态环境问题的实质是物质代谢的失调。

农村代谢过程包括能源代谢、水资源代谢和物质代谢，图 2-8 可直接反映村域代谢的流程：①反映农村代谢过程中各种资源与信息的输入，包括能量生产与生活消费品等的输入；②反映农村生产生活的输出过程，包括生活污水、废气和固体废弃物等的排放；③代表农村内部系统的再循环过程，包括水资源的再循环、固体废弃物的回收再利用、营养物质的再循环和能量的递级利用等。这 3 种不同代谢流简单描述了农村生产生活与环境的相互作用，即为满足农村居民精神与物质需求，自然资源与社会资源不断地被开发出来，仅有小部分在系统内部实现了循环，大部分被作为废弃物返还到环境中。随着农村生活条件的改善，居民的生产与消费模式发生了翻天覆地的变化，对周边资源进行耗竭式的开发和利用，持续递增的废弃物数量及种类因环境保护技术和设施的欠缺而长期滞留。农村代谢过程中物质和能量在时间和空间上的这种滞留和耗竭的失调，不仅造成目前农村最为严重的以人居环境生活污水、生活垃圾为主的自身污染，而且加剧了城乡物质能量和社会的"断裂"。

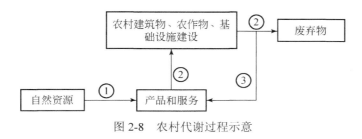

图 2-8   农村代谢过程示意

（2）"网"结构失调（技术各自为战，管理条框分割）

由于我国各地区农村自然地理和社会经济方面的差异，不同区域农村人居环境状况、环境污染程度及环境保护能力建设等方面的差异悬殊，不同区域农村人居环境综合整治技术模式需求不一。但是，我国现有农村人居环境综合整治技术对这种地区差异性考虑不足，缺乏针对性，不利于地方采纳。同时，一些技术多从城市嫁接过来，并不适用于农村实际情况。各地方未能就庞杂的技术方法进行有效的梳理和技术评价，筛选出技术适用、成本有效和管理便捷的技术，导致农村人居环境整治技术示范与推广过程中盲目性较大。各类农村生态基础设施工程技术往往相对独立，各技术相整合的综合处理和生态工程尚处于摸索和技术引进阶段，各种技术相结合的整体效益最优化并没有完全发挥。

我国环保基层机构只设置到县级，乡镇和村落缺少专门的环保监督机构。农村人居环境问题具有"面源性"，一旦环境受到污染或者生态遭受破坏，严格按行政区域设置的环境管理机构往往局限于本地区利益，无法从环境问题的系统性与整体性出发来进行环境治理。此外，各级政府管理农村基础设施建设工作的机构不健全，职责分散在不同部门，各部门环境监管职能横向分散，上下级环保机构纵向分离，跨地区环保机构地区分割，各个管理部门自成体系、各自为政，缺少统一协调的政府机构。不同管理部门之间常常出现职责重叠、脱节或矛盾，造成政令不畅，难以发挥整体监管效果，导致管理资源浪费，环境资源错置。

（3）"序"功能失调（运营维护长效机制不完善）

虽然随着中央"三农"政策的提出，各级政府已不断将政策向农村倾斜，农村投资力度逐渐增大。但在农村基础设施建设与管理中，资金主要投在前期建设上，"重建轻管"现象严重。基础设施建成后难以形成市场化的经营氛围，维护经费不易筹集，相当数量的管护运转费用给基层财政带来很大压力（图 2-9），影响正常运转，缺乏有效引导市场力量参与管护的机制。另外，管护人员往往没有经过专业培训，技术水平有待提高，部分设施（尤其是供水、污水处理等专业性较强的工程设施）的管理利用水平较低，致使农村基础设施利用效率低下，无法长期发挥功能。

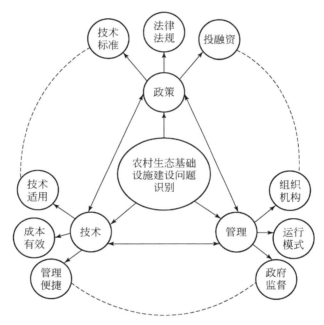

图 2-9　农村生态基础设施建设问题识别

2.5　小　　结

1）本章认为农村人居环境是由与农村居民生产、生活密切相关的物质和非物质环境组成的一类社会-经济-自然的复合体。阐述了农村人居环境的内涵，并分析了农村人居生态基础设施的结构和功能。

2）本章以复合生态系统理论为指导，构建了由生态环境、经济发展、居住条件、公共服务、基础设施 5 个子系统和 20 个指标构成的农村人居环境发展水平的综合指标体系，运用全排列多边形综合指数法计算得出各地区的 5 项分指数及综合指数。结果显示，全国农村人居环境整体建设水平不高，区域差异显著。农村人居环境基础设施指数、公共服务设施指数、居住条件指数和经济发展指数 4 个亚目标层指数及农村人居环境综合指数均呈现京津和东南沿海地区最高，东北、华北和中部地区次之，西部地区最低的规律；生态环境指数计算结果则相反，西部地区农村生态环境指数大于东北和华北地区，京津、东南沿海和中部地区较小。

3）农村人居环境问题的生态学根源包括农村代谢过程的失调，技术各自为战，管理条框分割及基础设施运营维护不可持续。

| 第3章 |　农村人居生态基础设施关键技术与筛选方法

3.1　农村人居生态基础设施关键技术分析

3.1.1　农村污水处理关键技术

广大农村普遍存在污水收集和处理设施不完善问题，污水处理率很低，仅有的污水处理方式多为一级化粪池分散处理后直接排入就近河道、池塘等，造成河流、水塘污染，影响村民居住环境，严重威胁村民的身体健康。

村镇社区污水主要包括畜禽饲养废水和村镇居民的生活废水，其中，畜禽饲养废水的有机物浓度很高。村镇居民生活废水主要是洗涤、沐浴和部分卫生洁具排水，具有排量少、所含有机物浓度相对偏高、日变化系数大、间歇排放量少且分散等特点。此外，村镇社区污水还具有氮、磷浓度高，细菌、病毒含量大等显著特点（刘强等，2008）。

依据《农村生活污水处理技术指南（东北、华北、西北）》和《农村生活污水处理项目建设与投资技术指南》，北方农村生活污水处理可以选用的技术有化粪池、污水净化沼气池、生物接触氧化池等 8 种。各地农村在选择污水处理方案过程中，需综合考虑每种农村污水处理技术的费用、预期达到的处理效果等因素。表 3-1 列举了北方农村生活污水处理技术的处理效果、建设费用、运行费用、限制因素和适用范围，可以为各地生活污水处理技术的选择提供参考。

农村生活污水处理技术模式选取需综合考虑村庄布局、人口规模、地形条件、现有治理设施等，结合新农村建设和村容村貌整治，参照《农村生活污染防治技术政策》（环发［2010］20 号）、《农村生活污染控制技术规范》（HJ 574—2010）等规范性文件。

污水收集系统建设，需考虑以下因素：①污水排放量≤0.5m³/d、服务人口在5 人以下的农户，适宜采用庭院收集系统；污水排放量≤10m³/d、服务人口在100

人以下的农村适宜采用分散收集系统；地形坡度≤0.5%，污水排放量≤3000m³/d，服务人员在 30 000 人以上的平原地区宜采用集中收集系统。②人口分散、气候干旱或半干旱、经济欠发达的地区，可采用边沟和自然沟渠输送；人口密集、经济发达、建有污水排放基础设施的地区，可采取合流制收集污水。③位于城市市政污水处理系统服务半径以内的村庄，可建设污水收集管网，纳入市政污水处理系统统一处理。④收集系统建设投资与污水处理厂（站）建设投资比例高于 2.5：1 的地区，原则上不宜建设集中收集管网。同时，污水收集系统需合理利用现有沟渠和排水系统。

表 3-1 北方农村生活污水处理关键技术汇总

处理技术	处理效果	建设费用（元/t）	运行费用（元/t）	限制因素	适用范围	参考文献
化粪池	出水水质较差，不能直接排放	840~1500	0.1	需定期清理；污水易渗漏	厕所的粪便与尿液的预处理	王红燕等（2009）
污水净化沼气池	COD、BOD₅达标，氨氮、磷降解效果不明显	600~2000	0.2	受污水浓度限制	分散式生活污水处理	谢燕华等（2005）；黄武等（2008）
生物接触氧化池	COD：>80% 氨氮：70%~80% BOD：80%~95%	3600~4500	0.8~0.9	投加填料会增加成本；可调控性差	适用于有一定经济承受能力的农村，污染物浓度较高，污水规模较大	刘婧等（2010）
氧化沟	TN：70% TP：50%	3200~4200	0.7~0.9	占地面积大；易产生浮泥和飘泥		郭昌梓等（2011）
人工湿地处理系统	COD：>80% BOD：85%~95% TN：90% TP：60%	2300~2900	0.2	气候、湿地中水流动力学特性、植物种类、微生物类群及基质组成	村庄周边有闲置荒地，场地开阔，排放标准要求不高	何江涛等（2001）；连小莹等（2011）
稳定塘	COD：60% TN：30% TP：20%~30%	1900~2400	0.3	处理效果受气温影响较大，北方寒冷地区不适宜	有水塘可利用的场合	何小莲等（2007）
土地渗滤	COD：>80% 氨氮：79%~91% TP：68%~88%	2000~2400	0.2	气候、土壤性质、作物生长、运行方式	可利用空闲地、地下水位较低，经济水平较低	郑彦强等（2010）；封丹（2009）
序批式生物反应器（SBR）	COD：>80% 氨氮：79%~91% TP：68%~88%	3200~4200	0.7~0.8	冲击负荷、膜污染、运行成本高、需专业人员管理	无可利用空闲地，成水排放标准较高	杨小俊等（2011）

注：SBR 为 sequenicng batch reactor activated sludge process 的缩写

污水处理设施建设，需考虑以下因素：①村庄布局紧凑、人口居住集中的平原地区，宜建设污水处理厂（站）、大型人工湿地等集中处理设施。其中，服务人口大于 30 000 人的集中处理系统，宜建设采用活性污泥法、生物膜法等工艺的市政污水处理设施；服务人口小于 30 000 人的集中处理系统，宜建设人工湿地等处理设施。②布局分散且单村人口规模较大的地区，适宜以单村为单位建设氧化塘、中型人工湿地等处理设施。③布局分散且单村人口规模较小的地区，适宜建设无（微）动力的庭院式小型湿地、污水净化池、小型净化槽等分散处理设施；土地资源充足的村庄，可选择土地渗滤处理技术模式。④丘陵或山区，宜依托自然地形，采用单户、联户和集中处理结合的技术模式。

农村生活污水分散处理模式一般选择低成本、低能耗、易维修、高处理效率的污水处理设备或者技术组合，在污水分户或分片收集后，采用中小型污水处理设备或自然处理等形式处理村庄污水。该类技术模式具有布局灵活、施工简单、管理方便、出水水质有保障等特点，适用于村庄布局分散、规模较小、地形条件复杂、污水不易集中收集的村庄。

3.1.2 农村垃圾收运与处理关键技术

在我国，村镇垃圾没有纳入正式的管理，大部分农村地区，尤其是经济落后地区，没有能力提供垃圾处理的服务，直接将垃圾收集后露天堆置，89%的村庄是随意倾倒、无序堆放于村前屋后、田边地头、沟渠河塘、道路两旁，量大面广、无人管理、污染严重（刘强等，2008）。目前，农村生活垃圾处理技术呈现"老、旧、陈"与"高、精、尖"并存的特点，应用较广的主要包括两类技术模式：一类是参照城市生活垃圾集中式处理技术模式，以研究"村收集、乡转运、县处理"的农村垃圾集中处理模式；另一类是采用垃圾分类后就地处理与集中处置相结合的综合利用模式。农村生活垃圾处理的目的是美化村庄，提升村容村貌，还未提升到分类资源化利用的高度，仅有部分村镇尝试采用生活垃圾分类就地资源化利用技术模式。

我国长期以来采用城乡分治模式，导致针对农村地区的生活垃圾收运处理技术研究严重不足，实际应用的技术与治理需求脱节，绝大多数技术均是沿用市政垃圾处理技术模式，甚至是将零散的面源污染集聚成为点源污染。重点关注末端处理处置环节，对源头减量和过程控制环节的技术方法研究和应用不足。尤其是针对农村生活习惯、生活垃圾成分、生活垃圾结构的综合利用技术极其缺乏，未能将生活垃圾处理处置与农业生产有机结合，导致部分废弃物资源化利用途径受阻。

目前国内广泛采用的农村生活垃圾处理技术有卫生填埋、堆肥和焚烧等，这三种主要垃圾处理方式的比例因地理环境、垃圾成分、经济发展水平等因素不同而有所区别。表 3-2 列举了卫生填埋、焚烧和堆肥 3 种垃圾处理技术在选址、适用条件、投资成本、处理成本等方面的特点。此外，蚯蚓堆肥法、太阳能-生物集成技术、高温高压湿解法、垃圾衍生燃料技术等新兴垃圾处理技术也有尝试在农村地区使用，但考虑到这些技术尚未成熟，并且投资成本高，在北方多数农村不宜推广，本研究没有将这些技术列入比较范围。

表 3-2　几种农村生活垃圾处理技术比较

项目	卫生填埋	焚烧	堆肥
技术参数	农村生活垃圾特征、场地地质条件、土壤、气候条件等	搅动程度、垃圾含水率、温度和停留时间、燃烧室装填情况、维护和检修	有机质含量、温度、湿度、含氧量、pH、碳氮比
选址	相对困难，一般要远离生活区 10km	相对容易，距离居民区 500m 以上	中等，应距离居民区 500m 以上
适用条件	垃圾中无机成分>40%	不添加辅助燃料时，垃圾热值>5000kJ/kg	有机物要占总量的 40%以上
产品市场	沼气可回收发电或制热	电能和热能易于为社会消纳	产品可用作农业有机肥或土壤改良剂
投资成本（乔启成等，2009）	50 元/t	100 元/t	60 元/t
处理成本（乔启成等，2009）	30 元/t	40 元/t	40 元/t
技术可靠性	可靠	较可靠	较可靠
操作可靠性	较好，要防止沼气爆炸	好	好
相关配套条件	有适合的场地	有相应的处理设备系统	有适合场地，有机垃圾源头分类
优点	工艺较简单，投资少，可处理大量生活垃圾，也可处理焚烧、堆肥等产生的二次污染物	体积和重量显著减少；运行稳定及污染物去除效果好；潜在热能可回收利用	工艺较简单，适于易腐、有机生活垃圾的处理，处理费用较低
缺点	垃圾减容少，占地面积大，产生气体和挥发性有机物量大，并对土壤和地下水存在长期的潜在威胁	处理费用较高，操作复杂，产生二次污染	占地面积大，对周围环境有一定污染，堆肥质量不易控制
适用的农村类型	地质条件较好的区域	经济水平较高的区域	农业区的农村或距离集中处理处置场所较远的农村
建议	不提倡	不提倡	推广使用

农村生活垃圾涉及收集、运输、处理、利用等多个环节，农村生活垃圾处理

技术模式选取，应遵循因地制宜、分类指导的原则，在参照《农村生活污染防治技术政策》（环发［2010］20 号）、《农村生活污染控制技术规范》（HJ 574—2010）等规范性文件的基础上，需综合考虑村庄布局、人口规模、交通运输条件、垃圾中转和处理设施位置等，促进生活垃圾无害化处理和资源化利用。在技术选择实践中，可以考虑如下因素。

对建有区域性生活垃圾堆肥厂、垃圾焚烧发电厂的地区，需优先开展垃圾分类，配套建设生活垃圾分类、收集、储存和转运设施，进行资源化利用。

对交通不便、布局分散、经济欠发达的村庄，适宜采用生活垃圾分类资源化利用的技术模式，有机垃圾与秸秆、稻草等农业生产废弃物混合堆肥或气化，实现资源化利用，其余垃圾定时收集、清运，转运至垃圾处理设施进行无害化处理。

对城镇化水平较高、经济较发达、人口规模大、交通便利的村庄，适宜利用城镇生活垃圾处理系统，实现城乡生活垃圾一体化收集、转运和处理。生活垃圾产生量较大时，应因地制宜建设区域性垃圾转运和压缩设施。

3.1.3 农村生态厕所关键技术

农户厕所问题是我国新农村建设中生活环境改善的难点问题，根据 20 世纪 90 年代联合国的评估，中国农村厕所的卫生状况与世界上的几个最不发达的国家并列，我国因此开始引进国际生态卫生建设的相关项目，加速了农村生态厕所的发展。自 2000 年起，农业部启动了"生态家园富民计划"，推广利用沼气技术，中央政府又于 2005 年安排 10 亿元国债资金继续实施农村沼气国债项目，将沼气技术、厕所改造与高效生态农业相结合，如农村"一池三改"（建一个沼气池、改厨、改厕、改圈）、北方"四位一体"和西北"五配套"模式。

在厕所改造工作中，技术相对成熟并已大力推广使用的厕所主要有 7 种类型，即三格化粪池厕所、双瓮漏斗式厕所、三联沼气池式厕所、粪尿分集式厕所、无水堆肥式厕所、深坑防冻式厕所和双坑交替式厕所。这 7 种厕所各具特色，都具有积极的生态卫生意义。表 3-3 列举了每种类型的适用范围、优缺点、适用方法等，各地农村可以依据自身不同条件，合理选择建造适合当地情况的卫生厕所。

表 3-3　农村生态厕所类型的比较

类型	特点	缺点	适用范围
三格化粪池厕所	对粪便处理效果好，占地面积不大，使用和管理简便，卫生环保	作用单一，综合效益不高，耗水量大，在缺水地区不适用，因进粪管可能堵塞，影响长期使用效果	供水充足，居住分散，有小面积菜园农户，有使用液态粪肥传统的地区

类型	特点	缺点	适用范围
双瓮漏斗式厕所	结构简单,保肥和卫生效果均好	连接前后瓮的管道易堵塞,清理及维修不便	农户家庭人口少,没有养殖或仅有少量养殖的地区
三联沼气池式厕所	既处理了粪尿,又产生了沼渣沼液等有机肥和沼气能源,综合效益高	占地多,不搞养殖的农户建沼气池综合效益不高,造价较高,设备较复杂,使用过程中卫生状况较差,干旱缺水地区不利推广	燃料缺乏及养殖业发达的地区
尿粪分集式厕所	建设成本低,节水,尿液和粪便无害化处理后可作为有机肥	使用维护要求高	缺水干旱和高寒地区,无庭院养殖,有覆盖物来源的地区
无水堆肥式厕所	不需冲水,粪便堆肥,建设成本低	使用清掏不便	干旱缺水地区
深坑防冻式厕所	防止冬季粪便冻结而胀裂储粪池壁,造成粪便渗漏而污染地下水	单一坑厕,新旧粪便混杂,影响无害化效果	气候寒冷地区
双坑交替式厕所	结构简单,经济实用	使用不方便	干旱和半干旱的缺水地区

需要说明的是,发展哪一类生态卫生厕所,不仅和当地经济发展水平有关,当地居民的生活习惯也不容忽视。例如,已经习惯应用旱厕并使用粪肥的农村,建议可以推广非水冲粪尿分集式生态卫生户厕;庭院养猪,习惯用液体肥料,气候潮湿多雨的地区,可考虑修建沼气厕所;气候干旱少雨,沙土覆盖粪便一周即可基本干燥的地区,建议修建旱厕。

3.1.4 农村秸秆综合利用关键技术

作为农业大国,据调查统计,2010 年以来,中国每年产生 8 亿多吨的秸秆,可收集资源量约为 7 亿 t。秸秆品种以水稻、小麦、玉米三大粮食作物为主,约占秸秆总量的 75%。黄淮海平原和东北地区秸秆产生量最大,约占全国秸秆资源总量的一半(韦茂贵等,2012)。自 20 世纪 80 年代以来,随着农作物单产提高,农业秸秆总量迅速增加,广大农民为赶农时、抢播种和图省事,多数地区出现秸秆焚烧现象,地广人稀的产粮区(如东北地区)、富裕地区(如江浙一带)和能源产区(如山西、陕西等)秸秆被露天焚烧的比例较高(曹国良等,2007)。秸秆焚烧已经成为社会关注的公害,为解决这一问题,农业部等国家六部委联合发文,要求加强秸秆的综合利用和禁烧。

目前，在许多国家农作物秸秆的综合利用是多元化的，形成"5F"路线（张燕，2009）。本研究在广泛收集国内外有关秸秆利用资料的基础上，结合中国目前个体化、分散化的农村经济实情，对"5F"利用方式进行了生态、经济及社会效益的比较分析（表3-4）。

表 3-4　中国农作物秸秆"5F"利用方式的效益比较

处理技术	经济效益	社会效益	生态效益	存在问题
秸秆还田	根据实验测定，每100kg鲜秸秆中含氮量相当于 2.4kg 氮肥，3.8kg 磷肥，3.4kg 钾肥。若还田玉米秸秆 500kg，则相当于施用土杂肥 2500kg，碳铵 11.7kg，过磷酸钙 6.2kg，硫酸钾 4.75kg（任仲杰和顾孟迪，2005）	1）可适度减轻秸秆焚烧的危害； 2）可就地解决少量的农村劳动力、就业	1）增加土壤有机质和养分含量； 2）改善土壤物理性状； 3）提高土壤生物活性	1）操作不当会产生负效应，利用风险大； 2）不适合中国的耕作传统； 3）劳动力投入成本高； 4）消耗的秸秆量极为有限
秸秆饲料	据粗略测算，如果全国秸秆资源的40%用于发酵饲料，就会产生相当于 112 亿 t 粮食的饲用价值（孔凡真，2005）。1kg 氨化秸秆相当于 0.4～0.5kg 燕麦的营养价值，据测算，每吨氨化秸秆可节约精料 7t（李鹏等，2006）	1）可适度减轻秸秆焚烧的危害； 2）可就地解决少量的农村劳动力就业	1）可避免资源浪费； 2）可避免环境污染	1）储量较高的小麦秸秆营养价值不高； 2）加工设备缺乏，成本高，电耗高
秸秆能源	据估计，将 20%的玉米、稻草及小麦秸秆即 11 915 万 t 用于生产乙醇，产量可达 236 355t/a	1）可有效解决大量剩余秸秆； 2）成为农民新的经济来源； 3）可促进农村经济可持续发展	1）可节约煤、天然气等不可再生资源； 2）有利于农村生态环境保护	1）中国农村家庭的用能水平低下且改善需求较弱； 2）先期投入成本高，农户较难承受； 3）农村化石能源燃烧和秸秆直接燃烧缺乏污染物排放标准
秸秆造纸	麦秸制浆包括治污的费用在内，其总成本约为 2500 元/t，纤维原料的成本约占总成本的 22%，是中国造纸纤维原料中占总成本比例最低的，具有相当可观的利润空间	1）可解决大量劳动力的就业； 2）可提高农民的经济收入	1）可节约木材资源； 2）有利于整个生态环境保护	1）产品质量差； 2）麦草稻草浆存在严重的污染隐患； 3）难以采用先进工艺和设备

续表

处理技术	经济效益	社会效益	生态效益	存在问题
秸秆建筑材料	1）只要选择合理的收集半径与收集量，再加上秸秆板比木材人造板低 10%～20%的成本（扣除木材涨价因素），其经济效益可观（陆仁书等，1999）。 2）据测算，1亩①的农田可产生秸秆 600kg，以 200 元/t 计，农民可增收 120 元，相当于多产粮 90 kg（周定国和张洋，2007）	1）有效解决"农业"问题。为开发新技术、创立新产业提供动力，同时增加资源的供给。 2）有效解决"农村"问题。优化农村产业结构，推动农村基础设施建设。 3）有效解决"农民"问题。可有效利用当地丰富的自然资源和人力资源	1）可弥补木材短缺，减少森林砍伐，保护森林资源。据测算，2 亩农田产生的秸秆相当于 1 亩林地 1 年的木材生长量，按每年秸秆 7 亿 t 的 5%用于制造人造板计，可制成人造板约 3000 万 m³，相当于造林 116.7 hm²。 2）可消耗大量以稻草、麦秸为主的秸秆资源，降低秸秆焚烧带来的大气污染	1）产业化进程缓慢； 2）需社会的认知和政府的支持

3.2 农村人居生态基础设施技术筛选理论框架和方法

3.2.1 农村人居生态基础设施关键技术筛选理论框架

农村人居生态环境治理技术的选择是生态基础设施建设中最重要的步骤之一，它对生态基础设施建设的投资费用、运行费用、运行效果、操作管理等起着决定性作用。但是，在我国当前农村污水、垃圾和秸秆等处理和综合利用工程项目可行性研究中，由于还没有形成一整套工艺选择的评判方法，在方案比较和选择时主要通过简单的技术比较及方案设计人员对各工艺方案的个人认识进行，因此，存在较大的主观随意性。

事实上，农村人居生态基础设施关键技术选择受农村社会、经济和自然等条件的综合影响（图 3-1）。首先，农村经济水平一定程度上制约生活污染处理项目开展，经济实力较弱的村落应重点考虑处理的成本。其次，居民生活污水、垃圾等产生的源头、生活观念、生活习惯、家庭结构等决定生活用水和垃圾产生情况，从而影响生活污水水质和垃圾的排放，而准确把握农村生活污水、垃圾等产生特征及污染物排放规律有助于科学选取适宜的处理技术，合理设计工程规模和工艺参数。再次，村落的环境敏感度决定系统污染物排放标准要求和污染物处理复杂程度。例如，位于水源或生态保护区的村落生活污水和垃圾处理应要求更高、执行更严，同时降水

———————
① 1 亩≈666.67m²。

和气温也会影响系统的日常运行效果。最后，政府刚性管理在农村生活污染处理前期发挥了较好的促进作用，但对日益复杂与财政压力增大的环境已经显得力不从心。综上所述，在农村社会、经济、自然这三个子系统及其相互作用下，农村生活污染处理将是一项复杂的工程，需综合考虑多方面因素。在农村人居生态基础设施技术筛选自然-社会-经济复合系统分析框架指导下，以及参考已有研究文献（聂曦等，2004；张铁坚等，2015），本研究构建了农村生活污水和生活垃圾处理关键技术筛选的层次模型结构，如图 3-2 和图 3-3 所示。其中，生活污水处理关键技术选择考虑技术性能、经济指标、环境因素和管理要求四个方面，具体可以从有机物处理效果、运行维护费用和选址条件等 11 个指标来着手。而生活垃圾处理关键技术选择可以从技术性能、处置效果、环境适应性和经济指标等方面来考虑。关于生态厕所技术和秸秆处理技术的选择，本书不做定量研究，只根据研究区特征和各个技术的适用范围与特点，做定性的描述和选择。

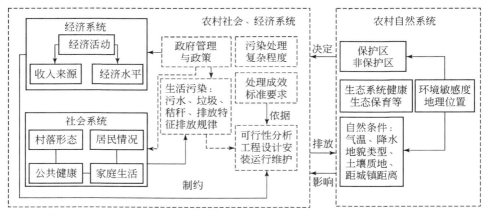

图 3-1　农村人居生态基础设施技术筛选自然-社会-经济复合系统分析框架

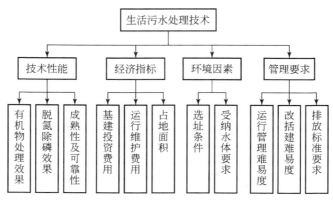

图 3-2　农村生活污水处理技术筛选的层次模型结构

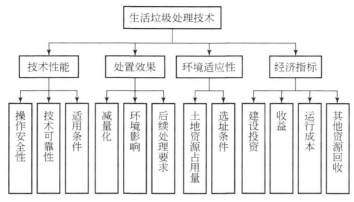

图 3-3　农村生活垃圾处理技术筛选的层次模型结构

3.2.2　基于 AHP 的 Yaahp 软件实现的关键技术筛选方法

层次分析法（analytical hierarchy process，AHP）是美国匹兹堡大学教授 A. L. Saaty 于 20 世纪 70 年代提出的一种定性和定量相结合的、系统的层次化分析方法，它特别适合于具有非常复杂层次结构的多目标决策问题（Saaty，1998）。

AHP 的基本思想是：通过分析复杂问题包含的各种因素及其相互关系，将问题所研究的全部元素按不同的层次进行分类，标出上一层与下一层元素之间的联系，形成一个多层次结构。在每一层次，均按某一准则对该层元素进行相对重要性判断，构造判断矩阵，并通过解矩阵特征值问题，确定元素的排序权重，最后再进一步计算出各层次元素对总目标的组合权重，为决策问题提供数量化的决策依据。目前，AHP 正越来越受到国内外学术界的重视，十分适用于具有定性的，或定性定量兼有的决策分析。现在已广泛地应用于经济管理规划、能源开发利用、城市产业规划、科研管理及交通运输等方面（周西华等，2010；Wu et al.，2013）。

AHP 大体经过 6 个步骤：①明确问题；②建立层次结构；③构造判断矩阵；④层次单排序；⑤层次总排序；⑥一致性检验。其中，后三个步骤在整个过程中需要逐层进行。针对传统的 AHP 具有不易判断矩阵构造、计算过程烦琐易出错、一致性调整烦琐等不足，本研究运用基于 AHP 的 Yaahp（yetanother AHP）软件构建了农村生活污水与生活垃圾处理技术选择和评价的模型。

Yaahp7.0 软件是一种可视化建模与计算软件，通过类似 Visio 的绘制方法来完成层次结构模型的计算。在 Yaahp7.0 软件中，判断矩阵值的输入可以选用判断矩阵形式和文字描述形式输入，可以选择 e～（0/5）～ e～（8/5）标度或 1～9

标度。能够简便快捷地进行矩阵一致性判断，迅速得到权重向量，而且能够对判断矩阵进行一定范围的自主修改（聂有亮等，2013）。该软件灵活易用，节省了大量的矩阵计算步骤及时间。

3.3　农村人居生态基础设施技术筛选实证

本研究选择在气候条件和经济发展水平方面具有梯度差异的 3 个案例村开展实证研究，分别是北京市门头沟区水峪嘴村、河南省信阳市郝堂村和吉林省农安县苇子沟村。其中，水峪嘴村是本研究的资助课题之一——北京财政专项课题"山区村落人居环境生态基础设施改建关键技术集成与示范"的案例村，苇子沟村是本研究另一个资助课题——水体污染控制与治理科技重大专项子课题子任务"饮马河流域水污染综合治理与水质改善技术研究与示范"的案例村，而郝堂村是河南省重点项目的研究对象所在地。

水峪嘴村位于北京市门头沟区妙峰山镇，距离门头沟城区 10km。北临永定河，南倚九龙山。2013 年，水峪嘴村人口为 555 人，人均收入近 1 万元。水峪嘴村重点打造了"京西古道"历史文化旅游业和观光农业，旅游经济收入为 100 万～200 万元。村内给排水管网齐备，基本农田少，农业资源以林果为主。

郝堂村位于河南省信阳市平桥区五里店办事处西南部，属山林地区。全村 504 户，总人口为 2100 人。全村面积为 7.1km^2，其中，耕地面积为 1886 亩，山林面积为 13 000 亩，水域面积为 380 亩。2014 年，全村年人均收入为 6912 元。郝堂村生态环境优美，顺地势建设自然沟渠，拦水筑坝，村庄入口建设有百亩荷花塘。2013 年郝堂村被住房和城乡建设部列入全国第一批 12 个"美丽宜居村庄示范"名单，同年又被农业部确定为全国"美丽乡村"首批创建试点。

苇子沟村隶属于吉林省农安县万金塔乡，地处万金塔乡东北部，距农安县城 32km。全村面积为 8.51km^2，2013 年农民人均纯收入为 5120 元。境内光照条件好，适合玉米生长，粮食产量为 8500t，经济作物面积为 201hm^2。苇子沟村以传统的农耕作物为主，村集体收入少，建设资金匮乏，基础设施不配套。

依据 3 个案例村的气候、经济和社会环境特点，并结合农村生活污水和生活垃圾处理技术筛选的层次模型结构（图 3-2 和图 3-3），邀请农村环境整治与生态修复方面的专家，采用 1～9 及其倒数的标度方法进行每两个指标间的相对比较，对判断矩阵各项指标进行权重赋值，最终经过 Yaahp7.0 软件计算得出结果，如图 3-3～图 3-8 所示。

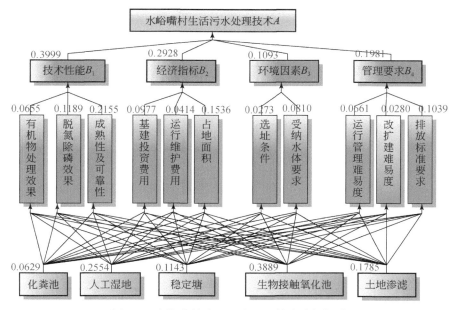

图 3-4　水峪嘴村生活污水处理技术选择权重

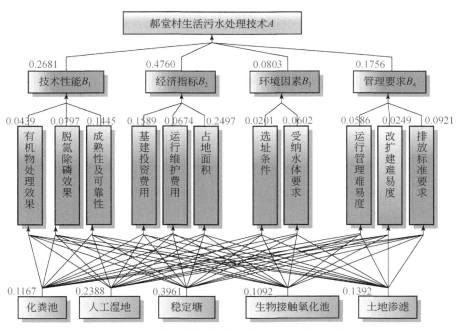

图 3-5　郝堂村生活污水处理技术选择权重

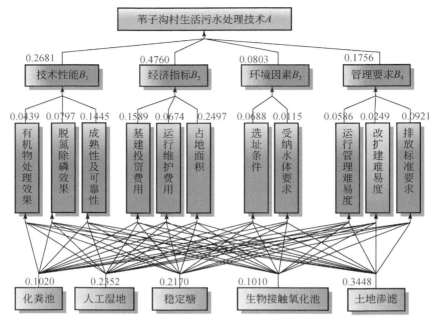

图 3-6　苇子沟村生活污水处理技术选择权重

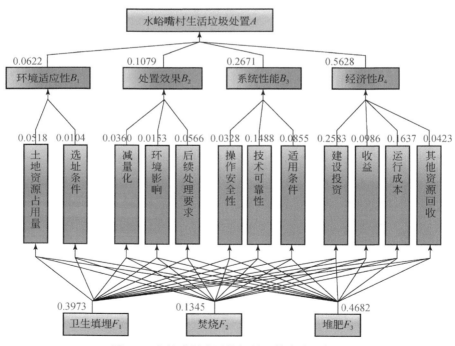

图 3-7　水峪嘴村生活垃圾处理技术选择权重

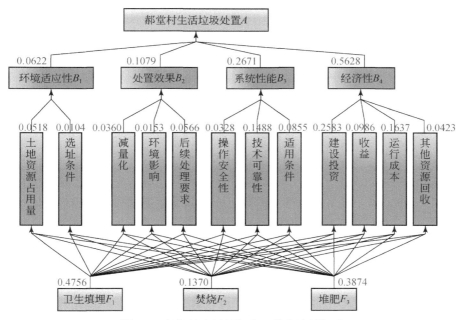

图 3-8　郝堂村生活垃圾处理技术选择权重

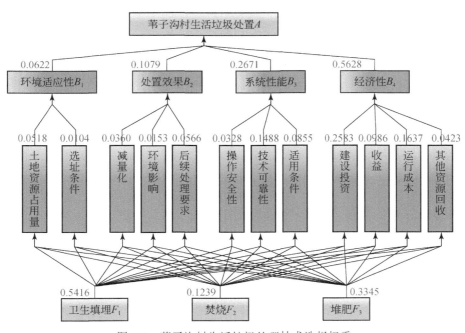

图 3-9　苇子沟村生活垃圾处理技术选择权重

由图 3-4～图 3-6 计算结果可知，水峪嘴村生活污水处理技术的优先顺序为生物接触氧化池（0.3889）、人工湿地（0.2554）、土地渗滤（0.1785）、稳定塘（0.1143）、化粪池（0.0629），郝堂村生活污水处理优先选择稳定塘（0.3961）和人工湿地（0.2388）技术，其他技术的顺序为土地渗滤（0.1392）＞化粪池（0.1167）＞生物接触氧化池（0.1092），苇子沟村生活污水处理则应首选土地渗滤技术（0.3488），其次是人工湿地技术（0.2352）。在此研究结果的指导下，3 个案例村结合各自实际，示范开展了单项技术的组装和集成项目。由图 3-7～图 3-9 计算结果可知，水峪嘴村生活垃圾处理技术优先顺序为堆肥＞卫生填埋＞焚烧，而郝堂村和苇子沟村则为卫生填埋＞堆肥＞焚烧。水峪嘴村开展有机垃圾堆肥的前提是必须将厨余垃圾单独分出，需要做好垃圾源头分类工作，其他不能回收垃圾的最终处理方法也是卫生填埋。为提高有机垃圾堆肥的操作效率，在经济条件许可下，可以借助自动化设备来完成操作。

农村无害化卫生厕所的建设，也是改善农村人居环境的重要内容。我国现行推广的农村户厕类型见 3.1.3 节表 3-3 所列举的七种模式，其在全国均被广泛应用。水峪嘴村具备完整的排水道，农户家庭以使用水冲式厕所为主，但存在耗水量大、污水处理超负荷等问题。从可持续发展角度出发，水峪嘴村可以示范利用尿分离生态节水型厕所，把数量较多、富含养分且基本无害的尿直接利用，把数量较少、危害性较大的粪便单独收集进行无害化处理。郝堂村丘陵地貌及居民分布相对分散的特点，适合发展三格化粪池厕所，并定时做清掏和抽污，保障厕所废水不进入村内污水处理单元。苇子沟村冬季严寒的气候特征，适合发展深坑防冻式厕所。

秸秆资源处理方面，水峪嘴村耕地资源少，有限的秸秆资源可以与厨余垃圾联合生化处理，作为肥料还田，促进有机农业发展。随着农业现代化和机械化发展，郝堂村和苇子沟村主要通过秸秆粉碎翻压还田的方式，将秸秆的营养物质充分保留在土壤中，以改善土壤理化性质。此外，作为东北典型农村，苇子沟村秸秆资源量大，村民还有利用秸秆冬季烧炕取暖的习惯，可以考虑秸秆能源化产业发展道路。

综合上述内容，3 个案例村生活污水、生活垃圾、无害化厕所及秸秆资源化利用的技术列举于表 3-5。第 4 章将在案例村筛选出的各项技术的基础上，做进一步的结构设计和运行实证研究。

表 3-5 案例村人居生态基础设施关键技术推荐

案例村	地域特点	关键技术推荐			
		污水处理技术	垃圾处理技术	生态厕所类型	秸秆处理技术
北京市门头沟区水峪嘴村	经济水平高,发展观光农业和旅游业	生物接触氧化+潜流人工湿地集中处理	源头分类,堆肥+卫生填埋	尿分离生态节水型厕所	秸秆堆肥后还田
河南省信阳市郝堂村	经济水平中等,发展旅游业	庭院人工湿地+村级自然跌水充氧沟渠+生态塘分散处理	卫生填埋	三格化粪池厕所	秸秆直接还田
吉林省农安县苇子沟村	经济水平落后,传统种植业	土地渗滤	卫生填埋	深坑防冻式厕所	秸秆肥料化+能源化

3.4 小 结

1）总结归纳并比较分析了农村生活污水处理、生活垃圾处理、生态厕所和秸秆资源化处理各项关键技术的特点和相关技术参数。

2）构建了基于复合生态理论的农村人居生态基础设施关键技术筛选的框架体系,研究了 Yahhp7.0 软件辅助下层次分析法在农村污水和垃圾处理技术筛选中的应用及生态厕所和秸秆技术筛选的流程框架。

3）选择北方具有经济条件和气候形成差异梯度的三个典型村落——北京市门头沟区水峪嘴村、河南省信阳市郝堂村和吉林省农安县苇子沟村,开展技术筛选的实证研究。

|第4章| 农村人居生态基础设施优化设计与运行实证研究

4.1 农村生活污水处理基础设施建设和运行效果分析

4.1.1 村级单元生物接触氧化+潜流人工湿地集中处理模式——以北京市门头沟区水峪嘴村为例

4.1.1.1 工艺流程

北京市门头沟区水峪嘴村全村有 555 人。2013 年，该村实施农村生态人居环境改造工程，拟对原有的污水处理系统进行改造升级。水峪嘴村位于永定河上游，属于北京市水源地保护区，对污水处理工艺的出水有较高的要求，本工程设计出水应执行《北京市水污染物排放标准》（DB 11/307—2005）的一级限值 A。因此，应首选好氧生物处理技术作为生活污水处理系统的核心工艺。生物接触氧化是从生物膜法派生出来的一种污水生物处理方法。主要是去除污水中的悬浮物、有机物、氨氮和总氮等污染物，常作为污水二级生物处理单元或二级生物出水的深度处理单元。

另外，生物处理工艺的除磷效果有限，而磷元素又是导致水体富营养化的主要原因，为满足北京市对污水处理系统出水总磷控制的要求，需要对二级生物处理工艺的出水进行深度除磷。潜流人工湿地作为一种生态处理技术，具有不易堵塞、运行稳定、出水效果好等优点；而且，相比传统人工湿地，具有不易结冰的特点，特别适合北方寒冷地区使用。

综上所述，根据水峪嘴村社会、经济、环境现状，综合考虑出水水质要求与实际可操作性,选用生物接触氧化+潜流人工湿地集中处理技术作为生活污水处理的核心工艺。该工艺方案的特点是将污水处理与农业灌溉及冲厕回用水相结合，可实现污水及其有机物、氮、磷等营养物质的资源化合理利用，工艺技术先进，处理效果稳定，运行管理方便，建设投资少，运行费用低。

图 4-1 显示的是水峪嘴村污水处理工艺流程：收集的生活污水经格栅去除大块物质后汇集于调节池中，在调节水质、水量的同时起到初次沉淀的作用。采用提升泵将污水提升至厌氧生物滤池中，悬挂于厌氧生物滤池中的填料上附着大量的微生物，在厌氧条件下，将来水中的大分子有机物分解成小分子有机物，有利于后续好氧过程对有机物的处理。厌氧生物滤池中的出水自流入生物接触氧化池，通过氧化池内微孔曝气器增加水体中溶解氧，悬挂于氧化池内的填料上附着的微生物吸附、分解污染物质。出水经沉淀后进入潜流人工湿地内，通过配水渠分配至人工湿地处理单元（图 4-2），湿地内的填料、植物、微生物的综合作用进一步去除污染物质，使水质得到净化。为保障系统运行效果，湿地出水再经活性炭吸附后储存于中水池中作为回用水。一部分经消毒处理后作为冲厕用水，另一部分作为农业灌溉、绿化浇灌等用水。

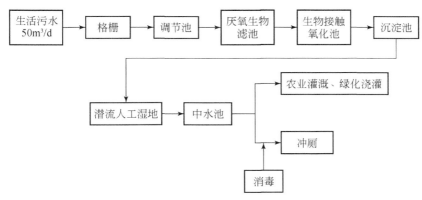

图 4-1 水峪嘴村污水处理工艺流程

图 4-2 人工湿地生态工程实景图

4.1.1.2 水量与水质

以水峪嘴村生活污水为原水，通过管网收集自流到工程地进行集中处理。本工程进水主要为洗衣、洗菜、洗浴等生活洗涤水及厕所化粪池水等生活污水。生活污水中主要含有 SS、COD、BOD$_5$ 和氨氮等，杂质较多，如头发、残渣等，B/C 值较高，水量稳定，总体上生化性好，易生物降解，宜采用生物方法处理。每日早、晚及夏、冬季节的污水水量和水质变化较大，试验期间水量变化范围为 19～43m^3/d。水峪嘴村生活污水原水水质情况见表 4-1。

表 4-1 水峪嘴村生活污水原水水质

项目	pH	SS（mg/L）	BOD$_5$（mg/L）	COD（mg/L）	NH$_3$-N（mg/L）	TN（mg/L）	TP（mg/L）
最大值	8.6	50	211	398	31	65	3.1
最小值	5.8	8	21	82	1.8	20	0.2
平均值	7.2	29	116	240	16.4	42.5	1.6

水峪嘴村永定河段属于永定河山峡段（官厅坝下—三家店），为集中式饮用水源一级保护区，为地表水 II 类水体，要求排入永定河的水质执行《北京市水污染物排放标准》（DB 11/307—2005）的一级限值 A（表 4-2）。因此，综合考虑，本工程出水水质应执行该标准。经污水处理站处理后的出水进入中水池蓄积回用，其中一部分作为村庄入口处景观用地内水冲式厕所的用水，另一部分作为农业灌溉及绿化用水，其余部分溢流排入永定河。

表 4-2 《北京市水污染物排放标准》（DB 11/307—2005）的一级限值 A

项目	pH	SS（mg/L）	BOD$_5$（mg/L）	COD（mg/L）	NH$_3$-N（mg/L）	TN（mg/L）	TP（mg/L）
浓度	6.5～8.5	10	5	15	2	15	0.1

4.1.1.3 分析项目及测定方法

从 2014 年 3 月 4 日至 2015 年 2 月 22 日定期对组合工艺的进水、出水水质进行监测，连续采样 3d，分析项目包括 COD、TN 和 TP，COD 测定采用分光光度法（韦连喜等，2004），TN 测定采用碱性过硫酸钾消解紫外分光光度法（中华人民共和国环境保护部，2012），TP 测定采用过硫酸钾消解钼酸铵分光光度法（中华人民共和国环境保护部，2013）。

4.1.1.4 水质处理效果分析

组合工艺对 COD 的去除效果如图 4-3 所示，工程运行期间，进水 COD 变化较大，为 82～398mg/L，但出水 COD 相对稳定，基本在 4～15mg/L，满足《北京市水污染物排放标准》（DB 11/307—2005）的一级限值 A。由于使用了前置厌氧生物滤池，有效抗击了农村地区生活污水早、晚排放量大，冬季排放浓度高等形式的冲击负荷，保障了出水水质的稳定。试验证明厌氧处理去除了约 50%的 COD，降低了后续生物接触氧化池的负荷，生物接触氧化池通过曝气获得了完成碳化和硝化所需的溶解氧量。冬季时，对湿地单元采取了湿地收割物与地膜覆盖的保温措施，湿地内部水温为 10～15℃，保证了微生物的活性，并使工程在冬季时对 COD 还保持较高的处理率。

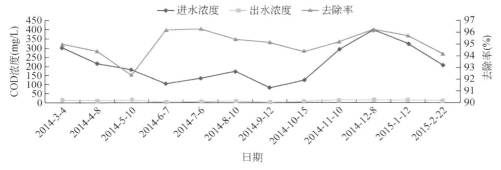

图 4-3 生物接触氧化+潜流人工湿地对 COD 的去除效果

组合工艺对 TN 的去除效果如图 4-4 所示，试验证明曝气接触氧化池内的硝化作用明显，降低了后续人工湿地系统的 TN 负荷，也降低了冬季低温时人工湿地系统脱氮效率低造成出水 TN 浓度高的风险。人工湿地内的微生物作用及植物吸收作用可进一步提高对 TN 的去除效果。由图 4-4 可见，组合工艺对 TN 的去除率为 75%～95%，平均为 85%。

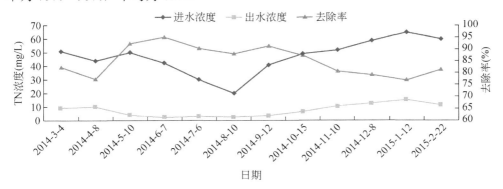

图 4-4 生物接触氧化+潜流人工湿地对 TN 的去除效果

组合工艺对 TP 的去除效果如图 4-5 所示。组合工艺主要依靠人工湿地系统来除磷，人工湿地对磷的去除主要取决于植物吸收、基质的吸附过滤和微生物转化三者的协同作用。从 2014 年 3 月 4 日至 7 月 6 日，出水 TP 浓度一直呈下降趋势，7 月 6 日去除率最高，为 93.55%，平均去除率为 87.56%。从 2014 年 11 月 10 日至 2015 年 2 月 22 日，出水 TP 浓度呈上升趋势，平均浓度为 0.29mg/L，尚未达到《北京市水污染物排放标准》（DB 11/307—2005）的一级限值 A 的标准，但满足《城镇污水处理厂污染物排放标准》（GB 18918—2002）的一级 A 标准要求，可以作为农业灌溉及绿化用水。夏秋两季的去除率较高，冬季去除率最低，这与冬季植物枯萎、停止生长有关。工程运行中跟踪监测发现，湿地植被茎叶在微生物的作用下腐烂会导致磷的大量溶出，故应及时清除枯萎的植物茎叶，以防止磷溶出而减弱整个系统对磷的去除效果。

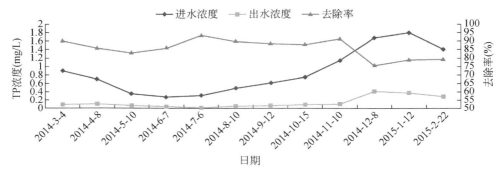

图 4-5　生物接触氧化+潜流人工湿地对 TP 的去除效果

4.1.1.5　案例技术特点分析

工艺特点：可保持较高的水力负荷；采用生物生态组合技术，处理效果稳定可靠；运行操作简单，不需要复杂的自控系统；适宜处理间歇排放的生活污水，耐污能力强，抗冲击性能好；同时实现了污水处理和中水回用，具有生态服务功能。

适用范围：适用于污水处理水质要求高，村庄经济基础好，管网设施较完备的村庄。

4.1.2　庭院型人工湿地+村级重力跌水充氧沟渠连通荷花生态塘分散处理模式——以河南省信阳市郝堂村为例

4.1.2.1　工程概况

将原有沟渠改造为三级重力跌水充氧构造，扩建原有水塘为荷花生态塘，新建农户庭院潜流人工湿地处理生活灰水,这种由农户庭院型人工湿地+村庄三级重力跌水充氧沟渠+荷花生态塘组合技术,将农村生活厨房污水和洗涤污水的汇集、处理与农村环境的绿化美化融为一体,目标在于实现农村生活污水的减量化、无害化处理,构造农村人水和谐的水环境和水景观。

农户庭院内闲置土地较多,由于农村地区的居住分散,不适于集中收集管线建造及处理,这种农村住户的污水处理方式适于采用就地处理,将生活污水中浓度较高的黑水分离出去以后,灰水利用简单的湿地处理系统即可达到排放标准,庭院型人工湿地结构示意图如图 4-6 所示。

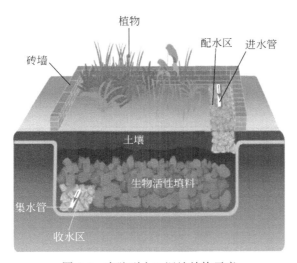

图 4-6 庭院型人工湿地结构示意

4.1.2.2 工艺流程

根据实际调查,郝堂村住户每户日用水量平均约为 0.30m³,采用垂直潜流人工湿地系统,湿地采用下行—上行的水流方式,两个池体用砖砌成,混凝土摸面防渗。池体有效面积为 2.0m²,池长为 1.5m,池宽为 1.3m,有效池深为 0.85m,水力负荷为 0.15m³/(m²·d),池内种植美人蕉、扁竹等植物。为降低运行成本,农村庭院湿地采用经济实用的复氧模式。首先,湿地的进出水之间留有 30cm 的高差,在这个区域内没有水长期停留,这样空气就可以自由地进出,水流经过此区域时就可以进行充氧;其次,在这个区域内填充大粒径的碎石,有利于气体的流通;最后,在这个区域内,设置通气管,如图 4-7 所示,通气管由纵管和横管组成,纵管伸到土层之上与大气相通,横管水平放置在该层内,管上打有孔径很小的孔,保证管内的气体与管外相通。

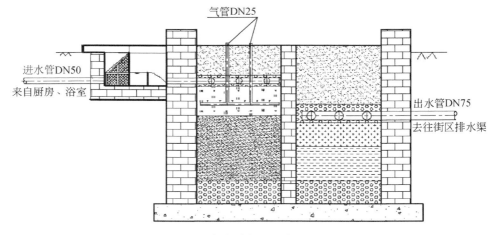

图 4-7　庭院型人工湿地设计

村庄排水沟型三级重力跌水工程位于村庄道路旁，由植物碎石床和微水景观组成，将农户庭院湿地出水做进一步处理。荷花生态塘建于村庄的东南位置，有效处理面积为 4890m²，在荷花生态塘周围配合修建了一些景观和娱乐设施，不仅具有污水处理的功能，而且是村民休闲娱乐的场所，丰富了村民的娱乐生活，如图 4-8 所示。

图 4-8　郝堂村农户庭院型人工湿地+重力跌水充氧沟渠+荷花生态塘处理生活污水实景图

4.1.2.3　农户庭院型人工湿地对污水中污染物的去除效果

农户庭院型人工湿地系统采用间歇进水，进水方式属于自然进水，每天有早中、晚 3 个进水高峰，采样频率为半个月一次，从调节池中采集进水污水样，从集水池中采集经处理后的出水水样。

供试污水为农户居民的生活污水，农户庭院型人工湿地供试污水水质状况见

表 4-3。

表 4-3　农户庭院型人工湿地供试污水水质状况　　　　（单位：mg/L）

项目	COD	BOD$_5$	TP	NH$_4^+$-N	TN
浓度	55.23～143.41	41.52～135.78	0.89～2.96	3.38～28.05	7.17～35.32
平均值±标准差	88.54±12.13	68.43±10.26	1.56±0.27	13.89±4.1	16.47±2.89

　　本系统运行 1 年，待植物度过生长期，床体内部的微生物形成一定的规模，系统出水浓度趋于稳定后，于 2013 年 5 月开始对系统进行监测。农户庭院型人工湿地对 COD 和 BOD$_5$ 去除的动态变化如图 4-9 所示，COD、BOD$_5$ 平均出水浓度为 4.17mg/L 和 3.11mg/L，达到《城镇污水处理厂污染物排放标准》（GB 18918—2002）一级 A 标准（BOD$_5$<10mg/L，COD<50mg/L），在系统运行稳定阶段，对 COD、BOD$_5$ 的去除率均在 90% 以上，由此可见，农户庭院型人工湿地系统对农村生活污水有机物具有良好的净化效果。

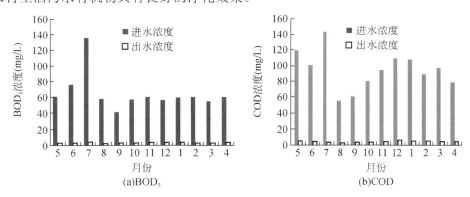

图 4-9　农户庭院型人工湿地对 COD 和 BOD$_5$ 去除的动态变化

　　图 4-10 表明农户庭院型人工湿地 TP 出水浓度波动性较稳定，TP 出水浓度为 0.16～0.46mg/L，平均出水浓度为 0.3mg/L，达到《城镇污水处理厂污染物排放标准》（GB 18918—2002）一级 A 标准（TP<0.5mg/L），平均去除率为 77.51%。TN 出水浓度为 2.08～9.75mg/L，平均出水浓度为 6.66mg/L，达到《城镇污水处理厂污染物排放标准》（GB 18918—2002）一级 A 标准（TN<15mg/L），系统对 TN 的平均去除率为 71.19%。农户庭院型人工对 TP 和 TN 的净化效果呈现季节性规律，冬季 12 月的去除率最低，夏季七八月的去除率最高，这与气温条件和池体内微生物生长活性有关。

　　现有人工湿地理论认为，潜流湿地对氨氮的去除主要依靠微生物的作用，进水中的氨氮经过硝化作用转化为硝态氮得以除去，硝化产生的硝态氮和亚硝态氮很快

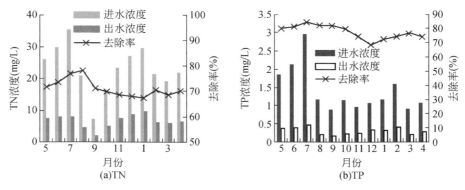

图 4-10　农户庭院型人工湿地对 TP 和 TN 的净化效果

通过反硝化作用去除。从图 4-11 中可以看出，2013 年 5 月开始，农户庭院型人工湿地的氨氮出水浓度基本低于 5mg/L，平均出水浓度为 2.87mg/L，达到《城镇污水处理厂污染物排放标准》（GB 18918—2002）一级 A 标准。农户庭院型人工湿地对氨氮的平均去除率为 85%，基本与吴树彪等（2009）采用地下二级沉淀池和柳树湿地床组合系统处理农村餐馆废水对氨氮处理效果持平。随着进水氨氮浓度处于 3.38～28.05mg/L，庭院湿地系统对氨氮的去除率始终保持在 80%以上。说明了庭院垂直流人工湿地具有较强的抗冲击负荷能力，在农村生活污水中的应用能取得较理想的效果。

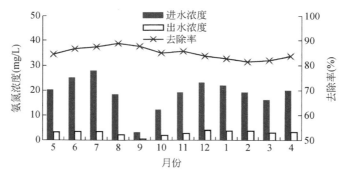

图 4-11　农户庭院型人工湿地对氨氮的净化效果

4.1.2.4　案例技术特点

工艺特点：人工湿地的占地面积很小，为 1～2m^2，而且湿地植物可以根据农户的需求选择；无动力消耗，管理方便；依地势而建，将污水处理设施与景观设计相融合。

适用范围：适用于布局相对分散、人口规模较小、水量偏低、污水不易集中收集的村庄。

4.2 农村生活垃圾处理基础设施建设和运行效果分析

4.2.1 源头分类就地资源化分散处理模式——以北京市 门头沟区水峪嘴村为例

4.2.1.1 垃圾处理模式简介

水峪嘴村垃圾处理实施"户分类+村转运+就地资源化利用"模式。可回收垃圾由村民自行销售给废品收购商贩。依托乡镇垃圾转运站，购置垃圾转运车辆，收集和运输公共垃圾桶中村民所投放的其他垃圾，每周清理 2 次。每户村民分发厨余垃圾桶，由保洁员每日定点收集，日产日清，并将厨余垃圾运至垃圾资源化处理站（建在果园附近）。厨余垃圾和其他有机垃圾（枯枝落叶、废弃蔬果、畜禽粪便等）按一定比例混合，由有机废弃物好氧生化处理机进行发酵处理。经处理机 4d 发酵处理后，将出料堆存于堆肥槽进行二次发酵，30d 后即可作为有机肥施于农田，水峪嘴村垃圾处理技术流程如图 4-12 所示。

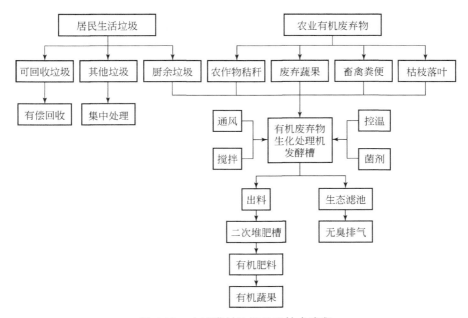

图 4-12 水峪嘴村垃圾处理技术流程

4.2.1.2　垃圾分类宣教与激励

为提高村民的保洁意识和普及垃圾分类知识，本研究采取了分发宣传手册、现场讲解指导和媒体推介等多种形式。依据水峪嘴村特点，印制《门头沟区妙峰山镇水峪嘴村垃圾分类宣传技术手册》200 份，分发给每户村民和村委成员。按照北京市垃圾分类方法，将水峪嘴村生活垃圾分为厨余垃圾、可回收垃圾、有害垃圾和其他垃圾 4 类。对村民开展垃圾分为宣传教育培训工作，为村民现场讲解垃圾分类的意义和方法，普及垃圾分类知识。为提高村民参与垃圾分类的积极性和扩大宣传力度，组织部分村民参与了由北京市科学技术委员会与北京电视台新闻频道共同启动的牵手蓝天环保科普公益活动，对村民垃圾分类的过程做现场跟踪拍摄，进一步增强了村民参与垃圾分类的信心和动力。

为激励村民自觉进行垃圾分类的意识，保洁人员上门收集垃圾时，对各户分类情况出具小票，一个月全合格的农户，可在月底凭合格小票到村委会领取酱油、醋、盐、卫生纸、洗衣粉等日常生活用品或者 10～15 元奖励，差一天则扣减 0.5 元。

4.2.1.3　垃圾成分与理化特性分析研究

（1）生活垃圾产生特征分析

在农户家庭垃圾源头分类的基础上，按照春夏秋冬四个季节对农户产生的生活垃圾进行采样。选取四个季节代表日期，于 2013 年 12 月 26 日至 12 月 28 日（冬季）、2014 年 3 月 28 日至 3 月 30 日（春季）、2014 年 7 月 29 日至 7 月 31 日（夏季）和 2014 年 11 月 6 至 11 月 8 日（秋季）分别进行垃圾样品采集。每天采样 1 次，连续采样 3d。分别选择经济收入高、中等和较低 3 种家庭各 5 户，委托所选居民自行收集所产生的各种生活垃圾，按照垃圾类型分别装在不同颜色的垃圾袋中（绿色袋子装厨余垃圾、蓝色袋子装其他垃圾、黄色袋子装可回收和有害垃圾）。每天收集时间从 8 时开始至第二天 8 时结束。收集完成后，委托村民送至固定垃圾收集点，然后对垃圾进行分类称重，并做好记录，调查主要内容有家庭常住人口、家庭人均收入、生活垃圾主要成分及生活垃圾产量。通过四个季节 12 次垃圾采样统计，发现村民垃圾分类的正确率超过了 90%。

收集到的有机垃圾每份样品约为 50kg，取出混合均匀后，按四分法进行缩分。对有机废弃物样品进行理化性质、营养成分和污染物等指标测定，主要包括物理组分、含水率和 pH、有机质、氮、磷、钾等营养物质。

由表 4-4 可知，人均垃圾产生量、人均有机垃圾产生量和垃圾含水率均呈现夏秋两季高于春冬两季，这与当地种植结构密切相关，夏秋两季正值西瓜、水蜜桃、柿子、京白梨等果品收获季节，果皮量增加，厨余垃圾产生强度相应增加；冬春季中的厨余垃圾以白菜、菠菜等剩菜剩饭为主，水果果皮含量相比于夏秋季下降较多，故冬春季垃圾含水率相对较低；有害垃圾在冬季产生强度增加，主要源于冬季部分家庭装修产生的油漆桶，春夏秋三季由于有害垃圾绝对量少，此变化趋势在图 4-13 中不易看出；夏季塑料产生量稍有增大，主要源于村民享用冰棒解暑时产生的包装袋。

表 4-4　水峪嘴村垃圾产生特征分析

项目	人均垃圾产生量（kg/d）	人均有机垃圾产生量（kg/d）	垃圾含水率（%）
春季	0.41±0.102	0.29±0.092	78.45±13.23
夏季	0.54±0.13	0.39±0.081	95.12±15.18
秋季	0.47±0.096	0.34±0.035	88.56±17.24
冬季	0.39±0.078	0.24±0.051	75.46±14.38

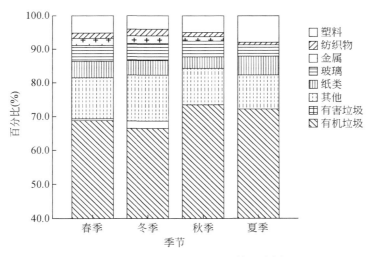

图 4-13　水峪嘴村垃圾组成特征分析

（2）生活垃圾理化特性分析

农户家庭的有机垃圾以厨余垃圾为主，含水率较高，达到 70%～80%，其中，各种养分质量分数按干基计也较高，全氮为 2.5%～2.9%，全磷（以 P_2O_5 计）为 1.0%～1.3%，全钾（以 K_2O 计）为 2.2%～3.2%，总养分可以达到 5%以上（表 4-5）。农户家庭的可降解有机垃圾的养分含量较稳定，随季节性变化不大。

表 4-5　水峪嘴村有机垃圾理化性状的季节变化

项目	春季	夏季	秋季	冬季
pH	7.35±0.8	6.92±0.9	7.69±1.1	7.79±1.2
有机质质量分数（%）	25.6±2.1	22.4±1.8	24.3±2.0	23.2±1.6
全氮质量分数（%）	2.56±0.12	2.71±0.14	2.83±0.13	2.57±0.11
全 P_2O_5 质量分数（%）	1.28±0.21	1.09±0.16	1.29±0.18	1.12±0.22
全 K_2O 质量分数（%）	3.11±0.33	2.93±0.29	2.51±0.38	2.26±0.17

注：表中质量分数以干基计

从上述分析可知，建立一套合适的垃圾收集体系，使村镇垃圾能真正做到从源头开始分类收集，可以有效避免有害生活垃圾进入水体、农田等生活生产直接相关的生态体系，保障人和动物的安全，而且可以使垃圾资源化的难度大大减小。将有机垃圾就地资源化处理，作为最终产品的有机肥，对改良土壤、发展有机农业有积极促进作用。

4.2.1.4　厨余垃圾与农业废弃物的联合生化处理

实践证明，厨余垃圾单独堆肥效果差，因为有机垃圾 C/N 低，导致氮的大量损失而降低肥效，玉米秸秆等农业废弃物 C/N 高则降低有机物料的分解速度。因此，在堆肥实践中将有机垃圾与农业废弃物混合堆肥，调节 C/N 和水分，改善堆体透气性，可以有效缩短堆肥腐熟周期，提高堆肥品质。由表 4-5 可知，不同季节水峪嘴村厨余垃圾的水分含量和 C/N 有较大差异，为获得良好堆肥效果，将水峪嘴村产生的厨余垃圾与粉碎后的玉米秸秆联合处理。

根据已有关于好氧发酵技术工艺参数的研究结果，C/N 最佳范围为 25：1～35：1，含水率最佳范围为 55%～65%。厨余垃圾与玉米秸秆按照式（4-1）和式（4-2）进行水分和 C/N 的配比。不同季节厨余垃圾的特征见表 4-4，玉米秸秆的含水率为 10%，C/N 为 50：1，氮含量为 1.5%。从而可以得到不同季节厨余垃圾与玉米秸秆的配比，见表 4-6。玉米秸秆作为调理剂，通过秸秆的时空调配，可以实现厨余垃圾与农村废弃物的联合处理。

表 4-6　玉米秸秆与厨余垃圾的质量配比

项目	春季	夏季	秋季	冬季
玉米秸秆/厨余垃圾（湿基）	0.4：1	0.7：1	0.6：1	0.3：1

在预期水分含量下，单位重量原料 b 所需原料 a 的重量为

$$a = \frac{m_b - M}{M - m_a} \qquad (4\text{-}1)$$

在预期 C/N 下，单位重量原料 b 所需原料 a 的重量为

$$a = \frac{N_b}{N_a} \times \frac{R - R_b}{R_a - R} \times \frac{1 - m_b}{1 - m_a} \qquad (4\text{-}2)$$

式中，a 为单位重量原料 b 所需原料 a 的重量；M 为预期混合物料水分含量；m_a 为原料 a 水分含量；m_b 为原料 b 水分含量；R 为预期混合物料 C/N；R_b 为原料 b 的 C/N。

为提高厨余垃圾和玉米秸秆联合处理的效率，研发和制造了 1 台有机垃圾好氧生化处理机（图 4-14 和图 4-15）。有机垃圾好氧生化处理设备为卧式筒状反应器，处理机由发酵槽、搅拌系统、保温系统、通风除臭系统、机架、电控系统等部分组成。容积为 2.5m³，日处理垃圾量为 500kg。设备内置搅拌装置和供热通风装置，使新鲜的有机生活垃圾与含微生物丰富的腐熟垃圾充分混合，在好氧条件下快速降解，并排放出水蒸气、二氧化碳和氨气等气体，达到减量化和无害化处理的目的。通过对有机垃圾好氧生化处理机试运行实验，得出如下结论。

1）该好氧堆肥设备具有加热和保温功能，可加速好氧堆肥处理进程，并完善地设计了进料、供气、排水、排气和出料等功能。

2）通过试运行表明设备内的物料温度可快速升温并稳定保持在 50～60℃温度下，氧气浓度保持在 14%～16%。

3）通过 30d 的半连续进料实验表明，有机质含量降低至 50%以下，含水率降至 36%，堆肥腐熟。

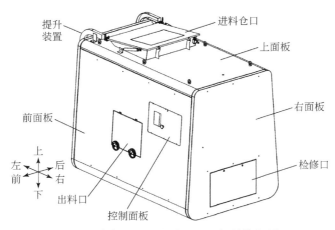

图 4-14 有机垃圾好氧生化处理机结构与原理

4）温度和供气采用自动化控制，操作简单化，便于顺利推广应用。该研究的最终目的是能够在村级单位推广使用好氧堆肥处理设备，进行厨余垃圾的集中收集处理。将来设备的操作人员为农村保洁员，为了能够让普通人员也能够操作此设备，要求操作简单和方便。

图 4-15　有机垃圾好氧生化处理机实景图

4.2.2　"户投放、村收集、镇转运、县处理"集中处理模式及分类收集改进设计——以河南省信阳市郝堂村为例

4.2.2.1　郝堂村生活垃圾的产生量及组成

2014 年，研究组采用问卷调查、发放三级（县级、镇级、村级）调查表、现场调研、资料收集等方式对郝堂村生活垃圾产生及组成进行了全面的调查和分析。结果表明，郝堂村生活垃圾由有机垃圾、无机垃圾、可回收垃圾和有毒有害垃圾组成，其中，有机垃圾包括厨余和植物枯枝落叶，质量分数为 57.53%；无机垃圾包括灰土、炉渣和其他，前 2 种占 11.24%，其他占 9.02%；可回收垃圾包括纸类、金属、塑料、玻璃和破布，分别占 4.63%、3.08%、7.52%、3.41%和 2.37%；有毒有害垃圾包括电池、农药瓶等，质量分数为 1.2%，垃圾年产生量为 804t。

4.2.2.2　郝堂村垃圾处理现状及存在的问题

郝堂村生活垃圾处理采用"户投放、村收集、镇转运、县处理"的模式，收集、转运主要采用个人投放至定点垃圾桶或垃圾箱，由垃圾收集人员采用人力三轮车将垃圾混合收集运送至密闭式清洁车的方式进行；之后采用中型车辆将转运站内的集装箱运送至垃圾转运站，经转运站的分选或压缩之后采用大型车辆将处理后的垃圾送往信阳市琵琶山垃圾填埋场做最终的卫生填埋处理，整个垃圾管理过程如图 4-16 所示。

图 4-16 郝堂村生活垃圾现状处理模式

当前农村生活垃圾处理存在的问题如下。

1）运行费用高。郝堂村距离信阳市琵琶山垃圾填埋场 16km，生活垃圾从村收集后经镇中转站再到垃圾填埋场距离长，运输费用高，镇村负担重，并且在长距离运输过程中还容易造成二次污染。

2）与垃圾处理"减量化、资源化"的要求不相适应。目前各种垃圾混杂，没有做到分类收集，垃圾中可再利用资源回收率不高，同时增加了垃圾后续处理的负荷和处置的难度，影响处理效果。

3）垃圾填埋场的压力较大。信阳市琵琶山垃圾填埋场，原来的选址与建设规模都是以中心城区的生活垃圾量为前提的，当实行"户投放、村收集、镇转运、县处理"这种方式后，大量的农村生活垃圾向县垃圾填埋场集中，垃圾量大量增加，原有的垃圾填埋场的负担加重，其使用年限大大缩短，面临着新建与扩建的压力，而建设垃圾填埋场是一项占地多、投资大、群众难接受的老大难工程。

4.2.2.3 郝堂村生活垃圾处理模式设计

依据目前郝堂村垃圾成分及经济状况，农村垃圾处理模式应遵循因地制宜、技术可行、安全可靠、经济合理的原则，采用分类收集、分类处理的组合处理模式，确保"建得起、能运行"。该模式将农户家中垃圾粗分为 5 类，即可回收垃圾、有机垃圾、无机垃圾、不可回收垃圾和有毒有害垃圾。将垃圾送往中转站，再对可回收垃圾进行分拣，有机垃圾按照堆肥进行堆肥，无机垃圾性质稳定，可就近处理，用于铺路或填坑，剩余物经压缩后送往垃圾填埋场进行卫生填埋，节省了运输和处理费用，垃圾分类处理的流程如图 4-17 所示。

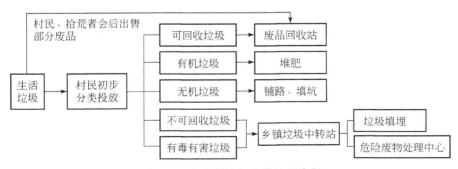

图 4-17 郝堂村垃圾分类处理流程

4.2.2.4 郝堂村垃圾分类收集分类处理组合模式的效益模拟

参考相关文献资料及通过实际调查，确定模拟中所用的参数如下。

1）废品回收种类及价格。废纸为 0.80 元/kg，废金属（平均）为 2.00 元/kg，废塑料为 0.60 元/kg，废玻璃为 0.08 元/kg。废品回收率参考刘永德等（2005）对太湖流域农村的调查结果，即废纸为 15%、废金属为 67%、废塑料为 10%、废玻璃为 57% 和破布为 0。废品中不可回收部分可通过填埋或焚烧方式处理。

2）有机垃圾综合利用效益。有机垃圾部分可用来堆肥，依据顾卫兵等（2008）的研究成果，制得有机复合肥产化率约为 60%，堆肥市场价格约为 160 元/t。

3）节省的运输和处理费用。依据邵立明等（2007）的研究成果，取垃圾处置成本和收运费用为 55 元/t。

4）后续处理处置投资及运行费用。参考不同处理处置技术经济适用性比较结果（上海市环境工程设计科学研究院，2001），取垃圾填埋（填埋场规模按 10 年计）处理成本为 30 元/t，投资成本为 50 元/t，堆肥处理成本为 40 元/t，投资成本为 60 元/t；垃圾分拣工人年均日分拣量为 0.5t/人，管理人员按分拣工人总数的 12% 计算，当地劳动力成本为 3.5 元/h，则分拣工人年均工资为 10 220 元/人，管理人员年均工资约为 20 000 元/人，分拣工具及分拣劳动保护用品每人每年按 1000 元计。

郝堂村垃圾分类收集、分类处理组合模式下的效益见表 4-7。当前全国农村普遍采用的"回收+填埋"处理处置模式不能创造经济效益，其负效益成为制约垃圾处理过程中资金缺乏问题的主要原因，同时大量的垃圾因填埋处理形成的二次污染容易"造就"环境隐患。郝堂村生活垃圾处理模式在有效处理垃圾的同时，创造了较高的经济效益（全村年均效益为 18 425.68 元），实现了垃圾的"资源化"；同时通过农户分离出性质稳定的无机垃圾，就近处理，大大减轻了填埋负荷，实现了"减量化"和"无害化"，具有良好的经济效益和环境效益。可见，该模式适合于郝堂村生活垃圾的处理处置，对应的垃圾分类收集方式也就成为实现该方案的有效保障，大大节约了垃圾的处理投资和成本。

表 4-7 郝堂村生活垃圾处理模式分类收集效益分析

项目名称	子项目名称	垃圾量（t）	费用（元）	费用汇总（元）
可回收垃圾收益 B_1	纸类	37.23	4 467.02	38 899.9
	金属	24.76	33 182.69	
	玻璃	27.42	1 250.19	

项目名称	子项目名称	垃圾量（t）	费用（元）	费用汇总（元）
综合利用效益 B_2	垃圾堆肥	462.54	44 403.96	44 403.96
节省的运输和处理费用 B_3	可回收垃圾	168.92	9 290.6	14 260.95
	无机垃圾	90.37	4 970.35	
后续处理处置投资及运行费用 C_1	垃圾填埋	82.17	6 573.6	79 139.13
	垃圾堆肥	462.54	46 254	
	垃圾分拣	352.55	26 311.53	
总效益 S		$S=B_1+B_2+B_3-C_1=18\ 425.68$		

注：有毒有害废物占垃圾总量份额很小，在计算过程中不予考虑

4.3 基于投入产出–生命周期评价方法的农村厕所方案的优化设计

4.3.1 基本情况介绍

本研究以北京市门头沟区水峪嘴村为示范基地，为该村落新建成的 150 户（共 589 人，平均每户 4 人）新民宅建设生态厕所。新民宅采用中国北方传统的平房建筑，房顶面积为 120m²，房高为 3.5m。拟在每户院子的角落处建一处 1.5m× 2.1m×2.0m 的厕所，厕所与民房的间距为 6m，厕所内有 1 个蹲坑和一个小便池。

北京市门头沟区同中国广泛的北方农村一样，存在人口分布不集中、用水紧张等问题，因此，在为民宅建设生态厕所过程中一定要考虑当地自然条件，优先考虑节水、分散型的生态卫生技术。雨水回用冲厕、尿液单独收集、粪便堆肥等技术均可以作为北方农村厕所技术选择的范围。这些技术可以降低自来水冲厕的耗用量，并且实现雨水资源化利用。根据中国卫生陶瓷标准，大便冲厕用水为 6L，小便冲厕用水为 4L。雨水收集后用于冲厕，可以减少自来水的使用量，但产生的厕所污水不变。粪尿分离式堆肥厕所既不使用自来水，也不产生厕所污水，是一种值得推荐的分散式分类粪尿处理方法。这种方法具有良好的技术性能（Gajurel et al.，2003；Ghisi et al.，2006），若成本合理、环境效果突出，未来有可能取代现存的自来水冲厕所。

本研究旨在对比农村传统水冲厕所和其他备选卫生厕所方案在成本、能源和温室气体排放潜力方面的不同。备选卫生厕所方案有雨水回用冲厕、尿液收集+粪便水冲、尿液收集+粪便雨水冲、粪尿分离堆肥式厕所 4 种，采用经济投入-产出-生命周期分析（economic input-output life cycle assessment，EIO-LCA）方法比较传统水冲厕所和这 4 种备选卫生厕所。以北京门头沟区水峪嘴村生态厕所建设为例，设计 5 种情景，分析对比 5 种厕所建设方案的经济和环境效益，探寻环境友好、经济适用、操作管理简单的农村生态厕所技术，以改变农村脏乱差的面貌，从源头上消减农村面源污染，为北京新农村建设中改水改厕工程提供理论依据。

4.3.2　研究方法

4.3.2.1　情景设计

本研究设计 5 种情景（图 4-18），传统水冲厕所（情景 1）作为参考方案，自来水冲厕后的废水排入污水处理系统，其他 4 种可选方案与参考方案作对比，依次为雨水回用冲厕（情景 2）、尿液收集+粪便水冲（情景 3）、尿液收集+粪便雨水冲（情景 4）、粪尿分离堆肥式厕所（情景 5）4 种。参考方案使用传统的便器，每次大便冲厕用水为 6L，小便冲厕用水为 4L。情景 2 和情景 4 采用屋顶雨水收集后冲厕，情景 3~情景 5 采用与情景 1、情景 2 不同的粪尿分离式便器。人体排泄物中 80%的养分存在尿液中，并且尿液中有害细菌含量较少（Remy and Jekel，2008），尿液单独收集后，简单处理后（存储 6 个月）就可成为高效的液肥，情景 3~情景 5 采用无水式小便器单独收集尿液，情景 4 相比情景 3 的不同之处在于，大便使用收集的雨水来冲释。情景 5 是粪尿分离堆肥式旱厕，运行中不使用水冲。堆肥式厕所在非洲、拉丁美洲、亚洲一些发展中国家使用普遍（Morgan，2007），尤其是农村地区。

堆肥式厕所尿液通过管道收集至储尿桶中，粪便在重力作用下落入储粪池，自来水只用来洗手，如厕不需要自来水来冲释，该厕所不需要与污水排放渠道相连。储尿桶中的尿液和储粪池中的粪便经无害化处理后变成高效有机肥，可以作为土壤调节剂，改善土壤结构。尿液在 20℃下储存 6 个月即可以安全地作为各种作物的肥料进行使用（Höglund et al.，2002），本研究情景 5 中储粪池上安装铁质晒板，可以提高粪堆温度，起到杀死病菌的作用。关于尿液和粪便堆肥科学、性能化的处理方法及粪尿堆肥灭菌的方法还处于研究探讨中（Vinneras et al.，2003；Niwagaba et al，2009；Winker et al.，2009），尚未有定论，所以，这部分内容不包括在本研究范围内。

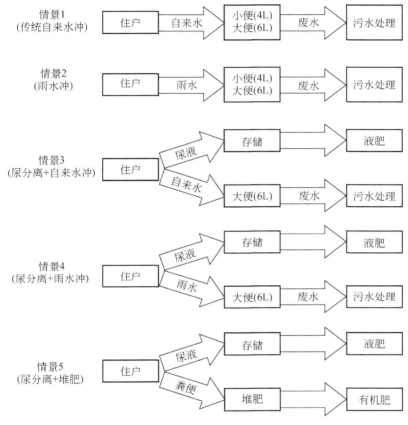

图 4-18　北京市门头沟区农村厕所 5 种方案情景设计

4.3.2.2　生命周期分析评价

利用生命周期评价（life cycle assessment，LCA）方法进行 5 种情景间的对比分析，LCA 被认为是一种定量化评估某产品（或服务）在其整个生命周期中过程对环境影响的技术和方法。该方法可以全过程地比较不同方案所提供的相同的服务或"功能"，本研究只包括建设和运行阶段，涉及的"功能"是为 600人（150 户，每户 4 人）提供一年的卫生厕所服务。LCA 分为两种类型，一种是传统的过程 LCA（process-based LCA，PLCA），以生产过程中的能量流和物质流为侧重点；一种为投入产出 LCA，将环境数据和生产过程联系起来。Hendrickson 等（1997）提出 EIO-LCA 法，用于分析产品或服务在生产链中的环境影响。EIO-LCA 提供了计算某一部门或多组部门能量消耗和温室气体排放的综合方法。EIO-LCA 基于同质性和比例性两个主要假设，前者指在同一个部门内，无论产品种类如何，产品的环境影响和产品的生产者价格成正比；后者指对同一部门，产品部门的输入和输出成正比（Baral and Bakshi，2010）。EIO-LCA 被普遍用于弥补 PLCA 方法存在截断误差的不足，适用于比较评价不同部门的同类产品，不适用于比较评价同一部门内的不同产品及全新的产品（Joshi，1999）。

在战略环境管理中，使用 EIO-LCA 可以显著增加筛查不同生命周期技术的可行性（Junnila，2006）。使用该方法最大的益处是它提供了经济活动中生产某产品或提供某服务所涉及的所有供应链（Matthews and Small，2000）。该模型方法由卡耐基梅隆大学开发，并在该校网站上可以免费操作使用。依据美国相关数据库，EIO-LCA 模型最早被用于传统屋顶和绿色屋顶的比较（Muga et al.，2008）。中国学者根据国内经济和环境背景数据，初步形成一些研究成果（计军平等，2011；李小环等，2011；黄颖等，2012）。这些研究大多针对国家、地区或行业尺度来展开，鲜有多种方案技术比较方面的研究成果。本研究尝试使用 EIO-LCA 法来比较五种农村厕所技术方案，计算各设计方案在建设阶段和运行阶段所消耗的能量及排放的温室气体（以标准 CO_2 计），所使用的 EIO-LCA 模型如下：

$$B=R（I-A）^{-1}y \tag{4-3}$$

式中，B 为最终需求 y 引起的各部门温室气体和能量消耗排放向量，B_{ij} 为 B 的元素（i 为产品生产或服务提供部门的序号，j 为产品或服务使用部门的序号，$i=1$，$2,\cdots,n$，$j=1,2,\cdots,n$），n 为投入产出表中的部门数。B 的各行向量之和表示部门 i 在产品生产或服务提供过程中的温室气体排放量和能量消耗量，各列向量之和表示部门 j 在生产中因使用部门 i 的产品或服务而产生的隐含的温室气体排放量和能量消耗量；R 为对角矩阵，其对角元素 R_i 为部门 i 单位货币产出所直接排放的温室气体量和能量消耗量，其值可以参考 Chen 和 Chen（2010）的研究成果，具体列于附录附表 1 中；I 为单位矩阵，A 为直接消耗矩阵，A_{ij} 为 A 的元素，表示第 j 个部门增加一个单位的最终需求时所需要 i 部门的产出，其值可以直接参考中国 2007 年投入产出表；y 为最终需求列向量，列向量元素为 y_j，表示 j 部门产品及服务的最终项使用量（包括最终消费、资本形成、流出、流入），其值见生命周期清单（表 4-8）中的价格数据。

表 4-8 生命周期清单

系统	阶段	部门编号	部门	材料	数量	价格（元）（2013年）
情景1	建设	54	陶瓷制品制造业	大便器	150 个	73 500
				小便器	150 个	34 500
		52	砖瓦、石材及其他建筑材料制造业	砖	165 000 块	90 750
		50	水泥、石灰和石膏制造业	水泥	33 750kg	16 875
		10	非金属矿及其他矿采选业	沙石	55t	6 050
		59	钢压延加工业	钢筋	500kg	1 800
	运行	94	水的生产和供应业	自来水	4 818m³	8 191
				废水	4 818m³	11 081
情景2	建设	54	陶瓷制品制造业	大便器	150 个	73 500
				小便器	150 个	34 500
		52	砖瓦、石材及其他建筑材料制造业	砖	510 000 块	280 500
		50	水泥、石灰和石膏制造业	水泥	177 750kg	88 875
		10	非金属矿及其他矿采选业	沙石	850t	93 500
		59	钢压延加工业	钢筋	1 100kg	3 960
		43	合成材料制造业	改性沥青防水材料	52m²	367 500
		67	泵、阀门、压缩机及类似机械的制造业	泵	150 个	34 500
		49	塑料制品业	管材	2 200m	16 200
	运行	94	水的生产和供应业	废水	4 818m³	11 081
		92	电力、热力的生产和供应业	耗电（泵）	128W	7 008
情景3	建设	54	陶瓷制品制造业	尿粪分离便器	150 个	79 500
				免冲小便器	150 个	25 500
		52	砖瓦、石材及其他建筑材料制造业	砖	165 000 块	90 750
		50	水泥、石灰和石膏制造业	水泥	33 750kg	16 875
		10	非金属矿及其他矿采选业	沙石	55t	6 050

续表

系统	阶段	部门编号	部门	材料	数量	价格（元）（2013年）
情景3	建设	59	钢压延加工业	钢筋	500kg	1 800
		49	塑料制品业	储尿桶	150个，1m³	135 000
	运行	94	水的生产和供应业	自来水	1 314m³	2 233
				废水	1 314m³	3 022
情景4	建设	54	陶瓷制品制造业	尿粪分离便器	150个	79 500
				免冲小便器	150个	25 500
		52	砖瓦、石材及其他建筑材料制造业	砖	345 000块	189 750
		50	水泥、石灰和石膏制造业	水泥	102 000kg	51 000
		10	非金属矿及其他矿采选业	尿粪分离便器	485t	53 350
		59	钢压延加工业	钢筋	950kg	3 420
		43	合成材料制造业	改性沥青防水材料	16.1m²	113 425
		67	泵、阀门、压缩机及类似机械的制造业	泵	150	34 500
		49	塑料制品业	管材	2 200m	16 200
				储尿桶	150个，1m³	135 000
	运行	94	水的生产和供应业	废水	1 314m³	3 022
		92	电力、热力的生产和供应业	耗电（泵）	128W	1 920
情景5	建设	54	陶瓷制品制造业	尿粪分离便器	150个	19 500
				免冲小便器	150个	7 500
		52	砖瓦、石材及其他建筑材料制造业	砖	210 000块	115 500
		50	水泥、石灰和石膏制造业	水泥	50 250kg	25 125
		10	非金属矿及其他矿采选业	沙石	75t	8 250
		59	钢压延加工业	钢筋	900kg	3 240

续表

系统	阶段	部门编号	部门	材料	数量	价格（元）（2013 年）
情景 5	建设	63	金属制品业	铁板	150 块，1.2m×1.3m×0.2cm	19 500
		49	塑料制品业	通风管	150m，10cmΦ	4 500
				储尿桶	150 个，1m³	135 000
		68	其他通用设备制造业	排风扇	150 个	12 450
	运行	92	电力、热力的生产和供应业	耗电（风扇）	12W	3 942

注：表中部门编号来源于中国 2007 年投入产出清单表

本研究中，利用 EIO-LCA 法分析各情景中不同原料使用和消耗所带来的直接和间接影响，对经济部门的消费，EIO-LCA 法可以计算此经济部门消耗或供应链条中所引发的隐含环境影响。由于 EIO-LCA 计算模型中对角矩阵 R 和直接消耗矩阵 A 均为 2007 年投入产出数据，直接需求列向量 y 各数值也应为 2007 年价格，需要利用消费价格指数（consumer price index，CPI）将 2013 年产品价格换算为 2007 年价格。借助 Matlab 软件实现矩阵的运算和 EIO-LCA 模型结果输出。

4.3.2.3 自来水需求和废水产生量估算

各情景的运行阶段需要计算自来水的需求量和废水的产生量。估算自来水耗用量时假设每人每天 4 次小便 1 次大便，每人每天排尿 1.5L（Berndtsson，2006），计算每户 4 人一年（365d）排放的尿液量和耗用的厕所冲水分别为 8.760m³ 和 32.12m³。假设废水产生量等于耗用的自来水量，则情景 1 和情景 2 产生的废水量均为 4818m³（600 人）。

情景 2 和情景 4 雨水蓄水池的尺寸根据居民住房房顶面积和北京门头沟区降水量来设计，参考北京市《雨水控制与利用工程设计规范》（DB 11/685—2013），本研究采用公式 $Q=\varphi\times\lambda\times\beta\times F\times H$ 计算屋顶雨水收集量，式中，φ 为屋面雨水径流系数；λ 为季节折损率；β 为初期弃流系数；F 为屋顶面积；H 为降水量。根据北京市《雨水控制与利用工程设计规范》（DB 11/685—2013），考虑了北京气候、季节等因素后，确定为 φ 为 0.9，λ 为 0.8，β 为 0.87，H 为 584mm，每户居民住房屋顶面积 F 为 120m²，则全年可用雨水资源总量为 43.89m³，为安全计，雨季水量设为全年降水量的 80%（35.11m³），每户全年用水量为 26.28m³，可见雨季水量完全可以满足总需水量的要求；旱季水量为 9.78m³，全年一半时间为旱季（9 月～次年 2 月）。出于减小成本的目的，按需水要求的最小容量来设定蓄水池的容积，

次年 2 月）。出于减小成本的目的，按需水要求的最小容量来设定蓄水池的容积，情景 2 需水量为 13.14m³，故所需的蓄水池容积为 13.14-9.78=3.36m³，情景 4 全年需冲洗水 8.76m³，所需蓄水池容积为 9.78-8.76=1.02m³。蓄水池用采用钢筋水泥凝土加防水材料建筑，考虑到北京冬季地下 1.2m 的永冻层，为防止存储的雨水结冰，情景 2 和情景 4 的蓄水池分别设计尺寸为 2m×1.5m×2.7m 和 1m×1m×2.5m（长×宽×高）。相比于情景 1，情景 3 和情景 4 由于使用尿液单独收集、免水冲的便器，节省了 73%的自来水。

4.3.2.4 建设阶段生命周期清单

五种情景生命周期清单列于表 4-8 中，清单中各个材料的价格由 3 个供应商报价求平均值得到，情景 1 和情景 2 所用的厕所便器相同，情景 3～情景 5 均实现粪尿分离，不同的是情景 5 是干式堆肥厕所。相比于情景 1 和情景 3，情景 2 和情景 4 配置雨水收集利用装置，如雨水蓄水池、抽水泵和各种输水管。雨水蓄水池用钢筋水泥加防水材料建筑。规划设计雨水蓄水池建在住房和厕所的中间，厕所建在住房院子的一角，通过输水管将房顶、蓄水池和厕所相连。单独收集的尿液存储于地下 1m³ 的高密度聚乙烯塑料桶中。情景 5 是一种粪尿分离干式堆肥厕所，此种类型厕所在广西、吉林大部分农村推广示范。此粪尿分离堆肥厕所包括粪尿分集式陶瓷便器、无水小便器、储粪池、高密度聚乙烯储尿桶、储粪池通风管、220V12W 的排风扇、用于吸热增温的储粪池上黑色铁皮盖，储粪池设计尺寸为 1.2m（长）×1m（宽）×0.8m（高），建于厕所主体建筑之下。

清单中各个材料均其有效使用期限，厕所使用寿命为 35 年，抽水泵的使用寿命为 20 年（Kirk and Dell'Isola，1995）。根据《民用建筑设计通则》（GB 50352—2005）的规定，农村厕所设计使用寿命为 25 年。在本研究中，假设厕所及其附属材料的服务年限为 25 年，各情景生命周期分析的年限为 25 年。

4.3.2.5 运行阶段生命周期清单

情景 1 和情景 3 运行阶段清单中包含自来水供应和废水处理服务。因处理废水所需的能量及释放的气体大于自来水处理和供应，根据北京市现行水价，本研究赋以自来水和污水处理不同的价格，模型计算中可以体现两者的区别。情景 2 和情景 4 因使用雨水取代自来水，所以清单中只包含废水处理，除此之外，抽水泵用于将雨水提送至厕所，泵运转耗用的电能也包含在清单分析中。经初期弃流后的雨水通过管道送至储水池收集，该池具有储藏、调节、沉淀的作用，经加氯化铝絮凝剂、沉淀，然后经泵提升至厕所水箱中。所添加的絮凝剂不包含在清单中。

情景 5 排风扇运转所耗用的电能包含在运行阶段的清单中，在一些堆肥厕所中，需要利用如木屑、草木灰、石灰、稻草或者蓬松剂等添加物来消除储粪池中的味道和改善堆肥条件（如调节 C/N、pH 和增加通氧水平），从而灭活粪便中的病原体。添加物、堆肥物的处理和尿液的处理均不包括在生命周期清单中。

4.3.2.6 经济分析

经济净现值（economic net present value，ENPV）是反映项目对国民经济所做出的净贡献的绝对指标（Belli，2001），本研究利用 ENPV 来评价各种备选情景的经济效益。当需要判断和确定投资方案时，财务人员青睐于使用 ENPV（Brealey and Myers，2014）。一般认为净现值大于零则方案可行，且净现值越大，方案越优，投资效益越好。本研究中，参考情景 1 的现金流来计算情景 2～情景 5 的 ENPV，使用的计算公式为

$$\text{ENPV} = \sum_{t=0}^{25} C_t / [(1+r)^\wedge t] \tag{4-4}$$

式中，t 为年份；r 为折现率（初始为 0%，以 0～10%作灵敏度分析）；C_t 为 t 年份的某情景的现金流减去参考情景（情景 1）的差值。

4.3.3 结果和讨论

4.3.3.1 经济分析

五种情景 25 年生命周期内的成本见表 4-9，总成本由大至小排序为情景 2＞情景 4＞情景 1＞情景 3＞情景 5。情景 2 建设成本大约是情景 3 和情景 5 的 3 倍，情景 3 和情景 5 的建设成本相当。情景 2 和情景 4 的建设成本远高于情景 1、情景 3 和情景 5，这主要是由于这两种情景要建设雨水蓄水池，雨水蓄水池中价格昂贵的防水材料等增加了资本投入。情景 1 每年来自于自来水水费和污水处理费的年运行成本约为 19 300 元，情景 2 的年运行成本与情景 1 大致相当，但都远高于情景 3～情景 5 的年运行成本。整个周期总成本中，情景 1 总运行成本所占比例高于总建设成本，而其他 4 种情景则刚好相反。相比于参考情景（情景 1），其他雨水回用和堆肥厕所的建设成本均较高，但运行成本低。雨水回用厕所方案受降水、集水面积、便器冲水要求、水价等因素的影响而呈现一定的区域差异。能源价格上涨、设备老化、维修资金困乏等会抬高水价。水价的抬高会带来情景 1 运行成本的增加，从而使雨水回用方案更具优势。由表 4-9 可知，雨水回用方案中建设成本所占的比例超过总成本的 65%以上，其中，雨水蓄水池是方案中投入

最多的部分。

表 4-9　生命周期内五种厕所方案的费用分析

成本	情景 1	情景 2	情景 3	情景 4	情景 5
初期建设成本（万元）	22.35	99.30	35.55	70.16	35.05
年运行成本（万元）	1.93	1.81	0.53	0.49	0.39
总建设成本（万元）	22.35（31.7%）	99.3（68.7%）	35.55（72.8%）	70.16（85.1%）	35.05（78.2%）
总运行成本（万元）	48.25（68.3%）	45.2（31.3%）	13.25（27.2%）	12.25（14.9%）	9.75（21.8%）
总成本（万元）	70.6（100.0%）	144.5（100.0%）	48.8（100.0%）	82.41（100.0%）	44.8（100.0%）

注：括号内为成本对应百分比数据

情景 1 生命周期内的总成本为 706 000 元（表 4-9），与情景 1 相对照，在零贴现率下，情景 3 和情景 5 在 8 年和 10 年前后出现正 ENPV，成本投入得到回报（图 4-19）。其中，情景 5 堆肥式厕所 ENPV 最高，约为 300 000 元。情景 3 与情景 5 建设费用相当，情景 5 的运行费用相对低一些，所以情景 5 比情景 3 提前 2 年左右实现投资回报。情景 2 和情景 4 在 25 年周期内 ENPV 为负值，未实现投资回报。因为对雨水收集利用的情景 2 和情景 4 而言，用于建设防渗漏蓄水池、抽提雨水泵、管道等投入增加了建设成本，情景 2 约是情景 1 的 5 倍，情景 4 建设的蓄水池相对较小，高出情景 1 约 3 倍（表 4-9）。情景 2 运行中，用于泵的电耗开支抵消了节省下来的自来水的费用，情景 2 总运行成本相比情景 1 下降不明显。情景 4 总运行成本只占情景 1 的 25%，但其总建设成本高出情景 1 了 3 倍。所以，情景 2 和情景 4 相比于情景 1，现金流的 ENPV 均为负值，从 ENPV 和现金回收分析而言，这两种情景均不是理想的方案。

各情景的 ENPV 随着贴现率的增加而减小（图 4-20），情景 2 的 ENPV 在各个贴现率下始终是负值，不同情景间的 ENPV 差异逐渐减小，8% 的贴现率时情景 3 和情景 5 的 ENPV 大致相等。即使在 8% 的贴现率下，情景 3 和情景 5 仍显示出相比于情景 1 的优势。由于固体废弃物的管理不包括在情景 3～情景 5 中，这三种情景涉及的尿液的存储、运输及粪便堆肥深层次处理过程均不予考虑，虽然这些过程会影响成本、ENPV、能源消耗和碳排放。此外，这三种方案能否被接受，还受其他人为因素的影响，如使用者的接受度、运行管理方便度等（Magid et al.，2006），在社会、经济多因素影响下的农村厕所方案的选择还有待更进一步的研究。

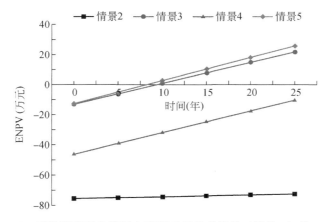

图 4-19　零贴现率下各情景方案相对于参考情景（情景 1）的 ENPV

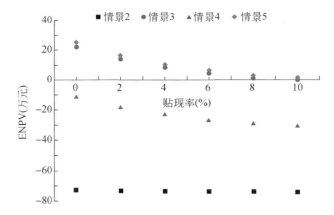

图 4-20　不同贴现率下各情景方案相对于参考情景（情景 1）的 ENPV

图 4-21 显示了抬高水价对现金流的影响，各个情景的 ENPV 均有增加，水价是现存水价的 2 倍（自来水费和污水处理费分别从 1.7 元/m³、2.3 元/m³ 涨到 3.4 元/m³、4.6 元/m³）。在零贴现率下，除情景 2 外的其他三种情景的 ENPV 出现有正值，情景 5 的 ENPV 仍然最大。情景 5 现金回收期缩短至 3 年左右，情景 3 缩短至 5 年左右。除了情景 5 之外，其他情景运行中均会产生自来水使用费用或污水处理费用，情景 5 运行中，尿液存储和粪便堆肥，不用水冲。因此，水价上涨对情景 5 没有影响，却直接带来其他情景运行费用的提升。与原来水价相比，情景 5 现金回收期缩短明显，情景 4 在 15 年左右 ENPV 出现正值，实现了资金回报，但情景 2 并没有出现同样的现象，虽然 ENPV 有提升，但在 25 年周期内 ENPV 始终维持负值。由以上分析可以得出，情景 5 比情景 3 更具有经济优势，情景 4 优于情景 2。

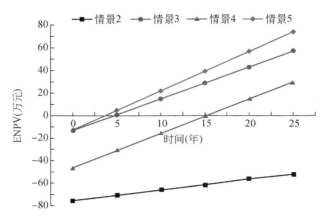

图 4-21 水价抬高后各情景方案相对于参考情景（情景 1）的 ENPV

4.3.3.2 能源消耗

各情景能源消耗由大至小排序为情景 2＞情景 4＞情景 1＞情景 5＞情景 3（图 4-22）。能源消耗回收期和成本投资回收期不同，情景 3 和情景 5 建设阶段的能源消耗大致相等，情景 3 能源消耗回收期为 14.3 年，情景 5 能源消耗回收期为 20.9 年（图 4-23）。这两种情景的能源消耗回收期都比成本投资回收期要长，这主要是因为情景 3 和情景 5 建设阶段总能源消耗较高（约为 9.5×10^{12} J），大于情景 1 建设阶段能源消耗量（5.9×10^{11} J）（图 4-22），而这两种情景每年运行

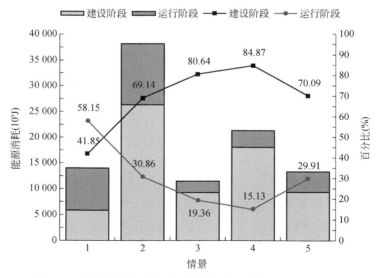

图 4-22 各情景方案全生命周期内运行和建设阶段能源消耗

阶段的能源消耗（分别为 8.9×10^{10}J 和 1.5×10^{11}J）小于情景 1。情景 3 运行阶段能源消耗主要来源于废水处理，情景 5 运行阶段能源消耗主要来源于电耗。根据附表 1 中部门编号 92 和 94 数值显示，单位人民币的电能所耗用的能源是废水处理的 10 倍，所以情景 3 运行阶段总成本虽大于情景 5（表 4-9），但此阶段能源消耗却小于情景 5。

情景 2 和情景 4 在 25 年周期内的能源消耗大于情景 1，两者能源消耗直线未与情景 1 有相交（图 4-23），意味着能源消耗回收期尚未出现。情景 2 建设大容量蓄水池及废水处理消耗大量能源，情景 4 虽运行阶段能源消耗较小，但其建设阶段的能源消耗量是情景 1 的 3 倍以上。从经济成本和能源消耗分析来看，雨水回用方案（情景 2 和情景 4）不是理想的替代方案。

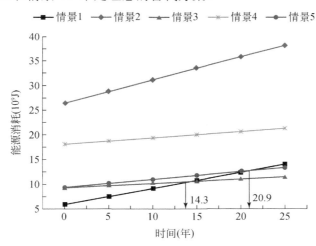

图 4-23　生命周期内各情景方案能源消耗量

4.3.3.3　温室气体排放

由图 4-24 可知，情景 2 在生命周期内具有最大的碳排放足迹（5929t CO_2e），情景 4 紧随其后，温室气体排放量为 3327t CO_2e。情景 4 由于尿液分离和雨水回用，比情景 2 节约 73%的自来水，温室气体排放减少 44%。其他三种情景的温室气体排放量顺序与能源消耗相同，即情景 1>情景 5>情景 3，情景 3 温室气体排放量最小（1787t CO_2e）。与各情景建设和运行阶段能源消耗（图 4-22）对比，温室气体排放量所占比例有变化，运行阶段温室气体所占的比重降低，尤其是情景 2 和情景 4。因为建设阶段为建蓄水池也大量使用砖、钢材、防水材料等原料，这些原料在中国归属于高碳排放行业部门，所以提高了温室气体的排放量。由附表

1 部门编号 52 和 92 可知，单位人民币的砖和钢材分别释放 8 倍和 6 倍于电力生产的温室气体，并且，情景 2~情景 5 建设费用所占的比重又大于运行费用。这些因素造成各备选方案运行阶段温室气体排放所占的比重明显降低。

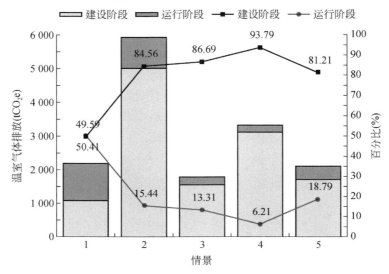

图 4-24　各情景方案全生命周期内运行和建设阶段温室气体排放量

　　各情景温室气体排放回收期与能源消耗规律基本一致（图 4-25），不同之处表现在情景 3 温室气体排放回收期缩短为 13.4 年，而情景 5 温室气体回收期由 20.9 年稍微延长至 22.1 年。这种变化主要来源于运行阶段温室气体所占比例的变化。

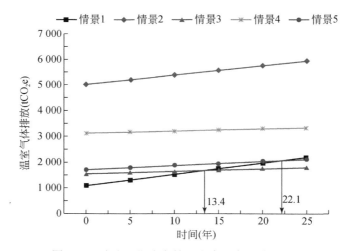

图 4-25　生命周期内各情景方案温室气体排放量

情景 3 和情景 5 运行阶段分别是废水处理和电消耗，由附表 1 部门编号 92 和 94 可知，单位人民币的电力生产释放 4 倍于废水处理的温室气体，并且，由表 4-9 可知，情景 3 和情景 5 运行阶段费用相差不大。

4.3.3.4　国家优惠政策对方案的影响

本研究证明尿液单独收集和堆肥式厕所具有经济和环境优势，可以作为传统水冲厕所的替代方案。然而，这两种厕所方案尚未在实践工程中得到广泛应用，究其原因是相关建设和管理维护经验的缺乏，因此，未来应该多加注重尿液单独收集和堆肥式厕所在农村推广过程中安装、使用和维护方面的宣传和教育。

研究同时表明，雨水收集冲厕的厕所在经济和环境上不占据优势，但雨水收集利用代表未来水资源可持续利用的一种趋势，尤其是对一些水资源贫乏、降水季节性较强的地区，如京津冀地区。雨水利用工程建设公益性强，此类项目投资回收期较长，在短时间内很难显现其经济效益。从用户的角度来说，对短期内经济效益不显著的项目，其参与的积极性会严重受损，因此，缺少参与雨水利用建设的动力。政府需要制定有效的激励和奖励政策来促使房地产开发商、小区业主、有关单位和部门自发建设雨水利用工程。北京市于 2012 年出台雨水利用奖励政策，凡小区内建设蓄水能力达到 1000t 将补贴 50 万元。政府补贴会大大降低本研究中情景 2 和情景 4 的建设成本，增加此方案的经济可行性，并为该技术推广示范提供资金保障和动力。由表 4-10 可知，现存的政府补贴政策尚未使情景 2 和情景 4 的 ENPV 在 25 年生命周期内出现正值。当政府补贴达到 1000 元/t 时，才使情景 4 的 ENPV 在 23 年出现正值，只有当补贴达到 1500 元/t 时，2 种雨水利用方案才均呈现正值。

表 4-10　政府补贴影响下雨水冲厕情景方案净现值和回收周期

项目	500 元/t		1000 元/t		1200 元/t		1500 元/t	
	ENPV（万元）	时间（年）	ENPV（万元）	时间（年）	ENPV（万元）	时间（年）	ENPV（万元）	时间（年）
情景 2	负值	25	负值	25	负值	25	0.09	12
情景 4	负值	25	0.659	23	0.79	21	1.06	18

4.3.3.5　结论

本研究尝试比较农村传统水冲厕所、雨水回用厕所、尿液分离和粪便堆肥式厕所几种规划方案在成本、能源和温室气体排放方面的不同。选取北京西郊一个人口约为 600 人的村庄作为研究案例，使用 ENPV 法分析各方案的经济潜力，并对不同贴现率和水价影响下 ENPV 的变化进行敏感性分析。研究证明，情景 3 和情景 5 的 ENPV 从零贴现率的 30 万元左右到 10% 贴现率的 5000 元左右，即使在 10% 这样高的贴现率下 ENPV 也出现正值，是替代情景 1 的理想投资方案。情景 2 和情景 4 在 25 年生命周期内 ENPV 始终为负值，即使在零贴现率下也没有实现投资回收，说明两者不能作为情景 1 方案的替代方案。情景 4 在水价上涨 1 倍后实现投资回收，此方案在条件允许情况下也是可行备选方案。

研究同时证明，情景 3 和情景 5 在能源消耗和温室气体排放方面优于情景 1，环境效益明显。对于北京周边缺水的农村地区，情景 3 和情景 5 从节约水资源、保护环境而言，可以作为情景 1 的替代方案。情景 3 能源消耗和温室气体排放量及回收期小于情景 5，显示优于情景 5 的环境优势，未来随着污水处理费用的提高，情景 5 环境效益的后发优势会更明显。情景 2 和情景 4 由于雨水蓄水池建设投入，提高其能源消耗和温室气体排放量，环境效益不明显，并且建设材料大多属于高能耗、高碳排的行业，使情景 2 和情景 4 建设阶段的能源消耗和温室气体排放是情景 1 的数倍，虽然其运行阶段环境效益优势明显。

雨水利用技术代表了水资源可持续利用的发展趋势，政府应加大对雨水利用的补贴，调动房地产商和居民使用雨水回用技术的积极性，促进该技术的推广。

4.4 基于能值分析的农村秸秆能源化处理技术

4.4.1 东北地区秸秆能源化利用现状分析

秸秆就其物质属性来说，属于很好的可利用物质，可广泛用作燃料、饲料、肥料、基料、原材料。目前，全国秸秆 50% 以上仍然主要用作燃料，以直接燃烧为主，能源利用率仅为 13%。和北方多数省份类似，东北地区农民具有利用秸秆作为生活燃料的传统。农村地区生活用能项目包括取暖、炊事、照明及家用电器等，由于冬季寒冷漫长，取暖成为东北地区农村最主要的用能项目。根据李国柱等（2013）研究，东北地区户年均取暖耗能为 71 642MJ，占全部能耗的 54.09%。秸秆能源化利用模式对东北农村农作物秸秆从农业废弃物转变为生物质资源、推进农村低碳经济发展和新农村建设具有重要意义。在现有的技术水平下，农作物秸秆的能源产品主要包括薪材、成型燃料、秸秆沼气、秸秆乙醇、秸秆柴油、秸秆燃气、秸秆氢气和秸秆发电等。崔胜先和董仁杰（2011）以循环经济理论为基础，运用线性规划方法对东北三省农作物秸秆产品结构优化进行研究，结果表明，最佳比例依次是薪柴占 41.0%，沼气占 24.5%，成型燃料占 23.9%，秸秆柴油和秸秆乙醇合计为 9.6%，其他各种能源产品用量的最佳比例均不超过 1%。根据此研究成果，成型燃料具有较大的发展空间和潜力，该技术符合农民传统使用习惯，为生物质在传统用能设备上代替化石原料提供了可能。吉林省一次性能源短缺，数据显示，2012 年，吉林省煤炭储量为 26.24 亿 t，仅占全国总量的 0.3%，煤炭在一次能源消费中所占比重超 70%，自给率不足 43%。生物质成型颗粒替代煤，用于取暖和供暖，对调整吉林省能源结构、减少化石能源消耗、促进节能减排，培育新兴产业，加快绿色低碳和农村清洁能源发展，推进城镇化建设，都具有十分明显的经济效益、社会效益和生态效益。

吉林省素有我国"黄金玉米带"之称，境内农安县是全国著名的玉米生产大县。本研究以吉林省农安县苇子沟村为例，采用农业生态系统能量和能值分析相结合的方法进行专家咨询和农户调查，分析玉米秸秆、煤炭和玉米秸秆成型颗粒这 3 种取暖材料的可持续性，定量评估秸秆成型燃料替代化石能源、减少温室气体排放的潜力。

4.4.2　研究方法概述

能值分析方法是生态学家 H.T.Odum 在 20 世纪 80 年代后期创立的以能量为基础的系统分析方法。能值是指产品或劳务生产过程中直接或间接投入的某种可用能的总量（Odum，1996）。基于一切能量都始自太阳能的观点，H.T.Odum 将任何资源、产品或劳务形成所需直接或间接的太阳能之量就称为其所具有的太阳能值（solar energy），单位是太阳能焦耳（solar emjoules，sej）。与传统能量分析方法相比，能值反映了自然资源的真实价值。能值分析常用太阳能值来衡量某一能量的能值大小，将单位数量的能量或物质所包含的太阳能值称为太阳能值转化率，单位为 sej/J 或 sej/g，一般认为系统中能值等级越高，其能值转换率越高。能值分析指标体系的构建及赋值是能值分析的重要内容之一。指标体系是测度资源环境价值和人类社会经济发展及环境与经济、人与自然关系的依据，也是进行系统分析、社会经济发展决策的重要参考（蓝盛芳等，2002）。作为一种衡量可持续性的手段，能值方法已被应用于对生物质发电、沼气、燃料乙醇和生物柴油等能源系统的评价（Cavalett et al.，2006；Dong et al.，2008；罗玉和和丁力行，2009）。本研究能值分析选取能值转换率、能值产出率、环境负载率和能值可持续指标来定量比较和分析。玉米种植系统和玉米秸秆成型颗粒生产系统的能流如图 4-26 所示，能流各指标计算和含义见表 4-11。

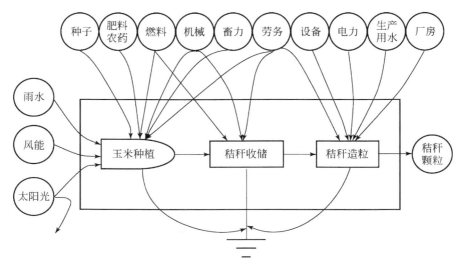

图 4-26 玉米种植系统和玉米秸秆成型颗粒生产系统能流图

表 4-11 能值指标

指标	表达式	含义
能值产出率（EYR）	$T/(F+R_1)$	系统产出能值与经济反馈能值之比，衡量系统产出对经济贡献的大小
环境负载率（ELR）	$(N+F)/(R+R_1)$	系统不可再生资源（包括经济反馈）能值投入与可再生资源能值投入之比
能值可持续指标（SIE）	EYR/ELR	系统能值产出率与环境负载率之比

注：T 表示总能值投入，F 表示工业辅助能，R 表示可更新资源能值，R_1 表示可更新有机能，N 表示不可更新资源能值

4.4.3　玉米秸秆成型颗粒的可持续性分析

4.4.3.1　研究区概况与数据来源

苇子沟村隶属于吉林省农安县万金塔乡，地处万金塔乡东北部，东经 125°29′，北纬 44°41′，全村面积为 8.51km²，海拔在 150～170m。苇子沟村属北温带大陆性季风气候。多年平均气温为 4.7℃，年平均降雨量为 630mm，年平均日照时数为 2593h。境内光照条件好，适合玉米生长，粮食产量为 8500t，经济作物面积为 201hm²。

本研究以吉林省长春市宏观区域作物系统能值分析为背景，收集整理吉林省长春市和农安县 2013 年统计资料和其他相关材料，并结合对农安县苇子沟村农户问卷调查，获取吉林省农安县苇子沟村玉米种植业系统相关投入参数，将各种物质和能量的投入换算成能值，所涉及的太阳能转换率参照 Odum（1996）和蓝盛芳等（2002）的文献，能量折算系数参照骆世明（1987）和闻大中（1986）的文献，并结合农安县实际情况进行了修正。通过苇子沟村玉米种植业系统的能值投入，来核算玉米秸秆的能值指标。煤炭能值指标参考已有文献资料，玉米秸秆成型颗粒物质和能量投入原始数据以农安县境内的绿能秸秆开发有限公司玉米秸秆成型颗粒生产线为依据。选取能值转换率、净能值产出率、环境负载率和可持续发展指标，从不同的角度分析和评价玉米秸秆、煤炭和玉米秸秆成型颗粒 3 种燃料的发展现状和可持续发展能力。

4.4.3.2 能值指标计算与分析

根据图 4-26，表 4-12 列举和计算了各物质、能量和服务的太阳能值，表 4-12 中几种可更新环境资源是同样气候、地球物质作用引起的不同现象，为避免能值的重复计算，只取其中能值投入量最大的雨水化学能。不可更新资源合计包括表土层损失，不可更新工业辅助能包括柴油、氮肥、磷肥、钾肥、农药、复合肥、农用机械，可更新的有机能包括人力、有机肥、畜力、种子。

表 4-12　吉林省农安县苇子沟村玉米种植业系统每公顷能值投入（2013 年）

项目	原始数据（J）	太阳能转换率（sej/J）	太阳能值（sej）
太阳光	4.805×10^{13}	1.000	4.805×10^{13}
雨水化学能	2.415×10^{10}	1.544×10^{4}	3.729×10^{14}
雨水势能	4.192×10^{10}	8.888×10^{3}	3.726×10^{14}
可更新资源合计 R			3.729×10^{14}
表土层损失	9.029×10^{8}	6.25×10^{4}	5.643×10^{13}
不可更新资源合计 N			5.643×10^{13}
柴油	1.912×10^{9}	6.600×10^{4}	1.262×10^{14}
氮肥	1.845×10^{5}（g）	4.62×10^{9}（sej/g）	8.524×10^{14}
磷肥	9.152×10^{4}（g）	1.780×10^{10}（sej/g）	1.629×10^{15}
钾肥	4.649×10^{4}（g）	2.960×10^{9}（sej/g）	1.376×10^{14}
复合肥	6.750×10^{4}（g）	2.800×10^{9}（sej/g）	1.890×10^{14}
农药	1.343×10^{4}（g）	1.62×10^{9}（sej/g）	2.176×10^{13}
农用机械	1.100×10^{4}	6.700×10^{9}	7.370×10^{13}
不可更新工业辅助能合计 F			3.030×10^{15}
人力	7.289×10^{8}	3.800×10^{5}	2.770×10^{14}

续表

项目	原始数据（J）	太阳能转换率（sej/J）	太阳能值（sej）
畜力	1.938×10^8	1.460×10^5	2.829×10^{13}
有机肥	9.385×10^6（g）	2.700×10^6（sej/g）	2.53×10^{13}
种子	1.116×10^9	2.000×10^5	2.231×10^{14}
可更新有机能合计 R_1			5.537×10^{14}
总能值投入 T			4.013×10^{15}
能值产出 Y			
玉米籽实 Y_1	2.044×10^{11}		
玉米秸秆 Y_2	2.663×10^{11}		
合计 $Y=Y_1+Y_2$	4.707×10^{11}		

本研究考察的是位于农安县境内的绿能秸秆开发有限公司生产基地，总投资为 595 万元，年产玉米秸秆成型颗粒 3 万 t，生产流程如图 4-27 所示，玉米秸秆成型颗粒生产主要技术参数见表 4-13。本研究的太阳能值计算以年均太阳能 9.44×10^{24} sej 为准，玉米秸秆成型颗粒生产系统的能值分析见表 4-14。

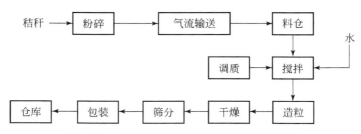

图 4-27　玉米秸秆成型颗粒生产流程示意图

表 4-13　玉米秸秆成型颗粒生产主要技术参数

参数	数值	参数	数值
玉米秸秆成型颗粒年产量（t）	30 000	秸秆原料和颗粒成品运输距离（km）	30
玉米秸秆年需求量（t）	33 000	运输柴油消耗 [L/（100km·t）]	0.03
颗粒生产年耗电量（kW·h）	1.64×10^4	模具（万元/a）	28
颗粒生产耗水量（t/a）	1.68×10^4	厂房（万元）	40
颗粒生产基地投资（万元）	595	设备（万元）	205
颗粒热值（MJ/kg）	15.38	折旧与摊销（万元）	38
颗粒生产线预期寿命（a）	10	工人（人）	103

表 4-14 玉米秸秆成型颗粒生产系统能值分析

项目	原始数据	单位	能值转换（sej/unit）	太阳能值（sej）
原料运输				
秸秆运输（柴油）（F）	$1.08 \times 10^{10\,a}$	J	1.11×10^5（Huang and Chen，2005）	1.20×10^{15}
劳务（R_1）	2.48×10^5	\$	5.87×10^{12}（Yang et al.，2010）	1.45×10^{18}
系统建设和运行				
秸秆购买	9.71×10^5	\$	5.87×10^{12}（Yang et al.，2010）	5.12×10^{18}
厂房（F）	$5.07 \times 10^{4\,b}$	\$	5.87×10^{12}（Yang et al.，2010）	2.97×10^{17}
设备（F）	$5.37 \times 10^{4\,b}$	\$	5.87×10^{12}（Yang et al.，2010）	3.15×10^{17}
电力（F）	6.04×10^{12}	J	2.00×10^6（罗玉和和丁力行，2009）	1.21×10^{19}
生产用水（N）	1.68×10^{10}	g	5.12×10^7（Brown and Arding，1991）	8.61×10^{17}
模具（F）	4.12×10^4	\$	5.87×10^{12}（Yang et al.，2010）	2.42×10^{17}
劳务（R_1）	1.05×10^6	\$	5.87×10^{12}（Yang et al.，2010）	6.21×10^{18}
总计（T）				2.66×10^{19}
产出（Y）				
秸秆颗粒	4.61×10^{14}	J		

注：a：生产 1t 颗粒需秸秆原料 1.1t，柴油热值为 3.65×10^7J/L；b：厂房和设备需要消耗的能量，本研究分别以房屋和土木工程建造业、木材加工专用设备制造业的行业平均能耗来计算器总能力需求，其中，1\$=6.8 元，工人月薪 3000 元

　　能值分析得到的指标见表 4-15。玉米秸秆成型颗粒的能值转化率比煤炭高，但与可能有相同用途的秸秆气化气和沼气相比要低，即产出单位能量所消耗的资源要少。能值产出率（EYR）衡量系统产出对经济贡献的大小。研究发现，一次能源的 EYR 一般都大于 5，小于 5 代表二次能源，EYR 小于 2 意味着系统产品不适合作为能源使用（Brown and Ulgiati，2002）。玉米秸秆成型颗粒的 EYR 小于秸秆气化气，但大于沼气，可作为一种可靠的能源使用。低环境负载率 ELR（2 左右）代表系统对环境的压力小，3～10 代表中等，大于 10 则代表系统给环境带来的影响很大（Brown and Ulgiati，2002），包括玉米秸秆成型颗粒在内的各类新能源对环境的影响都比较低。能源可持续指标（ESI）小于 1 代表系统不可持续，5～10 代表其可持续发展能力中等，以 ESI 来判断，玉米秸秆成型颗粒依然优于沼气和玉米秸秆而劣于秸秆气化气，是一个富有活力和发展潜力的能源技术。

表 4-15　玉米秸秆成型颗粒与其他燃料的能值指标的对比

类型	能值转换率 （sej/J）	能值产出率 （EYR）	环境负载率 （ELR）	能源可持续指标 （ESI）
玉米秸秆成型颗粒	5.78×10^4	4.48	0.37	12.11
煤炭	4.00×10^4（罗玉和 和丁力行，2009）	—	—	—
玉米秸秆	1.51×10^4	1.12	3.33	0.34
秸秆气化气（胡艳霞等， 2009）	9.09×10^4	9.95	0.11	90.45
沼气（胡艳霞等，2009）	5.30×10^5	1.63	1.49	1.09

注：秸秆气化气和沼气各指标根据指标定义依据文献（胡艳霞等，2009）的数据整理计算而得

4.5　本章小结

1）研究了北京市门头沟区水峪嘴村和河南省信阳市郝堂村生活污水处理运行效果和推广意义。表明以生物接触氧化+潜流人工湿地组合处理技术为核心的生活污水处理技术，对 COD 和氨氮等污染物处理效果稳定可靠，同时实现了污水处理和中水回用，比较适合水峪嘴村经济基础好、污水处理水质要求高的特点；农户庭院型人工湿地+村庄重力跌水充氧沟渠+生态塘组合技术，从污水处理效果和水景观要求上，更适合河南省信阳市郝堂村生态本底良好的实际。

2）研究了水峪嘴村和郝堂村生活垃圾排放的特点，论证了"户分类＋村转运＋就地资源化利用"模式在水峪嘴村的实践操作过程，以及垃圾源头分类和有机垃圾生化处理机就地资源化处理生态示范工程的运行效果，并对郝堂村现有"户投放、村收集、镇转运、县处理"生活垃圾集中处理模式进行改进设计，发现分类收集改进后全村年均可产生 18 425.68 元的效益。

3）以水峪嘴村为例，研究了投入产出-生命周期评价法在农村厕所方案设计中的应用，并借助经济净现值法进行技术方案的经济分析，结果表明，相比于传统的水冲厕所，粪尿分离式水冲厕所的经济效益最高，尿分离-自来水冲厕所的能源消耗和温室气体排放最少，而雨水冲厕所（传统厕所和尿分离厕所）不管从经济和环境效益上来分析，都不可行。未来若抬高水价或是政府补贴，尿分离-雨水冲厕也有作为替代方案的可能。

4）以吉林省农安县苇子沟村为例，研究了能值分析法在秸秆、煤炭和秸秆成型颗粒这 3 种取暖材料的可持续性评价中的应用，定量评估了秸秆成型颗粒在替代煤炭和秸秆直燃技术上的潜力。

第 5 章 农村人居生态基础设施集成系统效益分析

5.1 人居生态基础设施关键技术集成原则与模式

5.1.1 集成原则

目前，技术集成研究大体沿着两条主线来开展，一条是技术集成在技术层次上的研究，另一条是技术集成在管理层次上的研究。前者即对现有技术的整合，后者通过研究管理变革以达到适应和促进集成开发的目的。由于农村生活废弃物来源复杂，不同地域差异明显，单项技术的建设和示范，难以解决农村复杂的生态环境问题，在实际应用中为获得最经济的投资和最可靠的处理效果，需要通过科学设计和优化组合，将两个或两个以上技术通过重组而获得具有统一整体功能的处理效果系统。集成化的技术组合能否高效运转，管理体系的建立也是重要的技术之一。农村人居生态基础设施的集成，还需工程技术与经营管理相结合，实现若干系统优化的成套技术与管理经验。

综合集成的人居生态基础设施模式是以系统论为基础，以减少购买性资源投入、增进物质能量循环和降低有害物质排放为直接目标，通过对系统内各组分的创造性融合及组分间组织的重塑或重组，使得集成系统整体功能倍增或涌现一种创新模式。

以系统论为出发点是综合集成污水、垃圾等基础设施的基本前提，在改善农村人居环境、建设生态基础设施过程中，还需遵循整体性、优化性和发展性三原则。

（1）整体性：促进物质循环使用和能量梯级利用

人居生态基础设施各子系统可能由于生产或消费的物质成分在比例和时空上不具有一一对应关系而难以实现全面集成。因此，各子系统之间应依据"品位对口、梯级利用"的原则，通过调整资源耗费和能量代谢，使其物耗比、能耗比处于相互支持、相互促进的范围内，让人居生态基础设施系统中的物质流、能量流、信息流和价值流等依据物质、能量综合梯级利用原理在不同子系统之间转化、流动和循环，以促进集成系统朝着更高层次逐步复杂化和有序化。

（2）优化性：促进功能倍增和整体优化

通过对生态卫生系统微观层面的综合集成，以构成多种技术协同解决农村复杂生态问题的机制，从而使各种技术取长补短，突破原有技术的功能，形成新的功能，即实现"1+1＞2"。综合集成成果不是对系统中各技术的简单叠加，而是将其有机整合为一个整体，从而促使整体效率的提升和新功能的涌现。例如，循环农业系统在综合集成作用下出现环境友好、资源节约、高投入产出比等新特性。

（3）发展性：促进集成共生和系统适应进化

综合集成将根据生态学的"共生"概念和生物多样性原理，使某个子系统产生的副产品或废物成为另一个子系统的原材料或添加物，如污水处理系统的淤泥可以作为有机垃圾资源化利用系统的添加物，从而形成一个相互支持、互动互补的生态网络系统。同时，综合集成的生态卫生系统与外界环境相互影响，生态基础设施系统在与外界环境进行物质、能量、信息等交换，促使外界环境不断运动变化的同时，外界环境的变化也会反作用于生态基础设施系统，从而推动综合集成的内容、方式、路径递进到更高的层次。

5.1.2 集成模式

本研究主要以"村庄"形态作为生态卫生系统项目技术集成的主要载体，主要原因如下。

1）"农户"模式有较大的局限性。人居生态基础设施建设所带来的新投入、新理念被农户接受还需时间；同时农户的分散性、个体性、多样性等局限也难以实施规模化的技术集成项目，可控性和推广性难以保障。

2）"乡镇"模式不确定性过大，规模各异，产业内容复杂，功能模糊，某些地区比较落后，而某些乡镇的"城市化"水平已经很高。因此，系统较为复杂、要素不明晰，难以形成较为固定、易于推广的模式。

3）"村庄"模式在中国具有最广泛的代表性，是农村最基本和完整的社会形态，能够发挥承上启下的示范作用；技术集成模式的理念和原理可通过微型化推广到农户；规模和功能的扩展可通过大型化和规模化引申到乡镇或乡镇以上的区域。目前，中国新农村示范项目多选择村庄（农业部规划组，2006）也说明了这一点。

"村庄"模式人居生态基础设施集成系统如图 5-1 所示，各子系统间相互联系、相互支持，有机废弃物处理系统和污水处理系统在集成系统中发挥"关键参与者"的作用，以人居系统和农田系统产生的废弃物（垃圾、灰水、秸秆和黑水）为原材料或添加物，通过生物或生态处理技术，将其转换为有机肥和增产的粮食，促进物质在子系统间循环，在改善人居系统品质的同时，也促进了农田系统可持续发展，这些新功能的涌现是单一系统很难做到的。

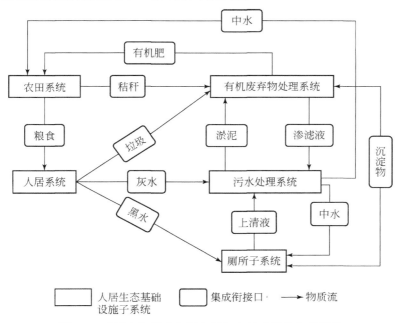

图 5-1 "村庄"模式农村人居生态基础设施集成系统

在农村人居生态基础设施集成系统中，有机废弃物处理系统、污水处理系统和厕所子系统为人居系统提供消解垃圾、灰水（厨房、洗浴等水）和黑水（粪尿冲洗水）的功能，起到"分解者"的作用，而农田系统则充当"消费者"人居系统的食物来源供应的"生产者"作用，各子系统间形成一个有机的整体。有机废弃物处理系统可以将污水处理系统的淤泥、厕所产生的沉淀物、人居系统产生的厨余垃圾与农田系统的秸秆进行联合处理，因此，秸秆堆肥化处理技术、污水处理技术、厕所技术之间具有集成的空间和可能性。同时，也解决了厨余垃圾单独处理肥效不佳的问题。污水处理系统可以将厕所（如三格化粪池、双瓮漏斗式、三联沼气池）排放的废水和垃圾堆肥产生的渗滤液进行深度处理，提高排放污水的水质。此外，三格化粪池、三联沼气池等也起到对厕所废水进行初级厌氧处理和沉淀的作用，减轻了后端污水处理的水质负荷。人居生态基础设施集成系统将各分项处理技术整合起来，不仅产生新的功能，而且所形成的优质有机肥和水质达标的中水，是单项技术所不能实现的。

北方各地农村在建设人居生态基础设施集成系统时，根据当地经济、自然、社会等特点优化选配各子系统中相适宜的技术，具体可参考本研究 3.1 节内容。就生活污水处理技术而言，根据村落地形、污水处理规模，北方农村地区可以对污水处理技术进行技术集成，集成模式见表 5-1。农村生活污水处理时也可与生态修复、农田灌溉、堤岸绿化、景观用水等有机结合，形成适合农村地区的生活污水综合整治模式，如图 5-2 所示。

表 5-1　北方农村生活污水处理技术集成模式

项目	户数（户）	集成技术	适用条件
山区丘陵	10～100	厌氧生物滤池+人工湿地/稳定塘	有废弃土地、坑塘
		一级强化污水处理+土壤渗滤	农家乐、风景区、公园
		污水净化沼气池	旅馆、学校、公共厕所
		厌氧生物滤池+跌水充氧接触氧化+人工湿地	住户相对较多、坡度大
平原	<200	厌氧生物滤池+人工湿地	有废弃土地、坑塘
		厌氧生物滤池+生态塘+生态渠	有自然沟渠、河网地区
	>200	人工湿地+稳定塘	有闲散土地、日照良好
		生物接触氧化池+人工湿地	对氮磷排放有一定要求
		厌氧生物滤池+SBR	

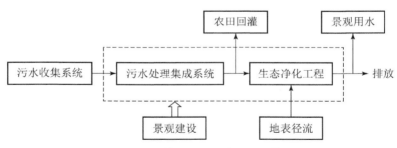

图 5-2　农村生活污水综合整治模式

5.2　村级单元人居生态基础设施集成系统复合效益分析

门头沟区地处北京西部山区，生态功能被定位为生态涵养发展区。水峪嘴村位于北京市门头沟区妙峰山镇，距离门城 10km，濒临永定河，村域面积为 2.3km^2，其中，耕地 200 亩，种植水果、蔬菜和粮食作物。全村有 555 人。2013 年，该村实施农村生态人居环境改造工程,包括生活污水人工湿地处理工程、有机垃圾资源化处理工程、粪尿分离式生态卫生厕所工程。村内的居民家庭产生的厨余垃圾、植物枯枝落叶、农作物秸秆等按一定比例混合,通过有机垃圾好氧生化处理机联合处理 3~4d,生化处理机的处理能力为 500kg/d,处理产物经 20d 左右二次堆肥后用于农田和果园作有机肥。村民生活污水根据水质差异分为三类,即尿液及其冲洗水即黄水(yellow water,YW)、粪便及其冲洗水即褐水(brown water,BW)和其他的生活排水即灰水(grey water,GW),这三类污水的排放方式不同(李子夫和金璠,2001),处理方式各异。根据水峪嘴村的水污染状况和生态环境的特点,以及当地的水文地质和气候条件,并结合当地的经济发展水平,建设以调节池+厌氧生物滤池+生物接触氧化池+沉淀池+潜流人工湿地+活性炭吸附工艺为核心的污水处理工程,处理村民生活排放的灰水。人工湿地面积为 180m^2,种植适合当地的美人蕉,种植密度为 15 株/m^2,美人蕉收割后用作有机肥料发酵原料。传统地坑式厕所改造为粪尿分离式生态卫生厕所,尿液单独收集并存储 6 个月后,作为农田液肥。粪便污水经化粪池后进入人工湿地处理单元。人工湿地、粪尿分离式厕所、有机垃圾好氧生化处理等这些以生态导向、经济可行和与人友好的生态工程所构建的生态卫生基础设施,为当地村民提供了清洁卫生的人居环境。

本研究以北京市门头沟区水峪嘴村生态人居环境改造工程为例,建立厨余垃圾资源化处理、污水生态化净化、生态厕所等成熟技术的集成组装和管理机制。基于物质流分析方法建立村域营养物质代谢理论框架,分析集成系统在氮磷物质循环和污染消减方面带来的生态效益。同时,从投资收益和创造就业机会等视角分析集成系统的经济效益和社会效益,探求适宜北京山区农村的人居环境建设的途径,为广大农村人居环境改善及生态文化提升提供借鉴和参考。

5.2.1 生态效益——氮磷物质循环和污染消减

5.2.1.1 研究方法

本研究基于物质流分析(material flow analysis,MFA)方法建立村域营养物质代谢理论框架。物质流分析主要根据质量守恒定律,对一定时空范围内特定系统的物质流动进行系统分析,分析结果通过其所有的输入、储存及输出过程来达到最终的物质平衡(Binder,2007;黄和平等,2007),该方法将物质的源、渠、库、汇作为分析对象(Brunner and Rechberger,2004)。MFA 经常被用于环境规划中来分析各种污染物质,也被广泛应用于工业分析和农业生态系统中。利用物质流分析方法，可以为资源、废弃物和环境管理提供方法学上的决策支持工具。氮磷等营养物质是人类生活必需品，但若含量过高，也会带来富营养化等问题，污染周边环境。有关氮磷等营养物质的物质流分析已经取得部分研究成果（Montangero and Belevi，2007；Chen et al.，2008；Kestemont and Kerkhove，2010），现有研究多侧重系统整体研究，缺乏系统内部物质流动分析，村域尺度营养流研究更是不多。

5.2.1.2 数据来源与计算方法

本研究所需数据有 3 个来源，即单位个体含氮磷产品消耗/排放系数来自对农村居民的问卷调查；物质的含氮磷系数及其他参数一部分靠实地抽样检测分析，一部分来自参考文献并结合访谈进行校正；个体数量数据来自门头沟区统计年鉴资料。针对农村居民的问卷主要包括 4 个部分，即农业种植情况（如农作物种类、面积、施肥用药量、产量等）、生活消费情况（如肉类、蔬果、生活用品消费、垃圾产生量等）和家庭基本情况（如人口、收入等），根据村民经济收入分别选取较高、中、较低水平各 10 户居民作为调查对象。最后将问卷获得的数据进行计算处理，得到单位个体含磷产品消耗/排放系数，由于这类数据是通过实地调查获取的，较符合当地的实际情况，可靠性较高。

农村生态人居环境改造工程实施一年后，在 2014 年 8～12 月对村域生态基础设施的运行效果进行现场采样分析，以确定化粪池废水、湿地处理中水和化粪池污泥等物质流中含氮磷系数。各物质流样品采集和分析方法见表 5-2，将各物质流采样分析所得的氮磷系数取平均值，作为最终的核算参数。村域系统输入、输出及内部循环的物质流见表 5-3～表 5-5，表格中列举了各物质流的去向、确定方法和数据来源。

表 5-2　各物质流样品采集和分析方法

物质流	样品采集方法和频率	分析方法
化粪池废水 EF_1	在 10 个化粪池（每 3 户合用一个化粪池）出口处采样，连续采样 3d	碱性过硫酸钾消解紫外分光光度法（中华人民共和国环境保护部，2012）测定氮浓度，过硫酸钾消解钼酸铵分光光度法测定磷浓度（中华人民共和国环境保护部，2013）
湿地处理中水 EF_2	湿地处理蓄水池采样，连续采样 3d	
黄水还田 EF_3	对 30 户居民的尿液存储罐采样，连续采样 3d	
堆肥场渗滤液 L_2	垃圾生化处理设备渗滤液收集口采样，连续采样 3d	

续表

物质流	样品采集方法和频率	分析方法
厨余垃圾 SW_2	对 30 户居民每天产生的厨余垃圾连续采样 3d，将每天的样品混合，采用四分法后取 50g 做分析	元素分析仪法（张威等，2009）测氮含量，微波消解 ICP-OES 法（彭靖茹和甘志勇，2009）测磷含量
湿地植被 SW_4	收割湿地植被，取 100g（湿基）做样品分析	
化粪池污泥 SP_1	在 10 个化粪池中采集淤泥，采样后自然风干，保留 50g（干基）做分析（与化粪池废水采集同步进行）	
堆肥还田 CP_1	选取堆肥后的成品，连续采样 3 次，每次将混合样品四分法后保留 50g 做分析	

表 5-3　输入村域系统的物质流

符号	物质流	去向	确定方法	数据来源
H	化肥	农田	化肥氮磷含量×化肥施用量	现场调查，化肥氮含量为 23.8%，磷含量为 43.66%；年购置氮肥 3.66t、磷肥 1.02t
W_1	灌溉用水	农田	氮磷含量×灌溉强度×耕地面积	现场调查，灌溉水中氮浓度为 0.25mg/L，磷忽略；每年灌溉用水 255m³
W_2	日常用水	家庭	氮磷含量×每天生活用水消耗×365d	自来水厂数据，氮含量为 0.15mg/L，磷忽略；每天生活用水 41.64t
F_2	食物外购	家庭	食物氮磷含量×消耗量	现场调查和文献参考，农作物氮磷含量见 F_1（表 5-5）；每年外购蔬菜 39 500kg、水果 2135kg、肉 24 400kg、蛋 20 128kg、奶 5600kg、鱼 6750kg、米面 33 860kg
A	大气沉降	农田	单位面积大气氮磷沉降量×耕地面积	文献参考，氮沉降为 2.04kg/亩，磷沉降为 16.7g/亩（Liu et al.，2006；闫恩松，2008；李欠欠和汤利，2010）

表 5-4　输出村域系统的物质流

符号	物质流	去向	确定方法	数据来源
EF_2	湿地处理中水	水体	氮磷浓度×中水每天流量×365d	样品采集和现场调查，氮浓度为 15mg/L，磷浓度为 0.1mg/L，中水流量为 14.8t/d
S_1	垃圾收集点渗漏水	水体、土壤	$S_1=SW_1-SW_2$	垃圾收集点氮磷物质平衡
S_2	化粪池渗漏水	水体、土壤	$S_2=BW-EF_1-SP_2$	化粪池氮磷物质平衡
L_1	农田渗滤水	水体、土壤	农田氮磷物质流失系数×农田面积	文献参考，氮磷流失系数分别为 6.8g/m²、3.0g/m²（李志博等，2002；仓恒瑾等，2004；黄沈发等，2005）
L_2	堆肥场渗滤液	水体、土壤	氮磷含量×每天渗滤液产生量×365d	样品采集分析，氮为 200.15mg/L，磷为 31.83mg/L，每天产生渗滤液 83.5L

符号	物质流	去向	确定方法	数据来源
G_1	农田氮挥发	大气	单位面积氮挥发量×耕地面积	文献参考，单位面积氮挥发量为 610g/亩（王毅勇等，1999；黄益宗等，2000）
G_2	尿液存储氮挥发	大气	$G_2=YW-EF_3$	储存罐氮物质平衡
G_3	人工湿地氮挥发	大气	$G_3=GW+EF_1-EF_2-SP_1$	人工湿地氮物质平衡
G_4	堆肥场氮挥发	大气	$G_4=SW_3+SP_1+SW_2+SW_4-CP_1-L_2$	堆肥场氮物质平衡

表 5-5　村域系统内部循环的物质流

符号	物质流	去向	确定方法	数据来源
F_1	食物自给	家庭	食物氮磷含量×消耗量	现场调查和文献参考，谷物类氮磷比率为 10，水果蔬菜类氮磷比率为 8，禽蛋类氮磷比率为 5（杨月欣等，2002）谷物类磷含量为 1.4mg/g（小麦、大米），蔬菜类磷含量为 1.8mg/g，水果类磷含量为 0.2mg/g；禽蛋类氮含量为 3.2mg/g（鱼）、0.5mg/g（奶）、19.87mg/g（肉）、11.95mg/g（蛋）（Otterpohl，2000）；每年自给蔬菜 43 900kg，水果 2428kg，小麦 58 710kg
YW	黄水	存储罐	每人每天排放黄水的氮磷量×人数×365d	现场调查和文献参考，氮含量为 11g/pd，磷含量为 0.911g/pd（李子夫和金瑾，2001）
GW	灰水	人工湿地	每人每天排放灰水的氮磷量×人数×365d	现场调查和文献参考，氮含量为 0.5g/pd，磷含量为 0.3g/pd（李子夫和金瑾，2001）
BW	褐水	化粪池	每人每天排放褐水的氮磷量×人数×365d	现场调查和文献参考，氮含量为 1.5g/pd，磷含量为 0.6g/pd（李子夫和金瑾，2001）
EF_1	化粪池废水	人工湿地	化粪池废水氮磷浓度×每天流量×365d	样品采集和现场调查，氮浓度为 70.2mg/L，磷浓度为 13.5mg/L，流量为 7.69t/d
EF_3	黄水还田	农田	氮磷浓度×黄水每天流量×365d	样品采集和现场调查，氮浓度为 6.92g/L，磷浓度为 0.79g/L，每天产生黄水 835L
SW_1	生活垃圾	垃圾收集点	氮磷含量×每天每人垃圾产生量×人数×365d	现场调查和文献参考，生活垃圾含磷率为 0.15%（王晓燕等，2009），含氮率为 1.19%（马军伟等，2012），人均垃圾产生量为 0.83kg/d，厨余垃圾占 57%
SW_2	厨余垃圾	堆肥场	氮磷含量×每天每人厨余垃圾产生量×人数×365d	样品采集分析，厨余垃圾氮含量为 3.33g/L，磷含量为 0.18g/L
SW_3	秸秆填料	堆肥场	氮磷含量×每亩秸秆产生量×耕地面积	现场调查和文献参考，秸秆氮含量为 0.3%，磷含量为 0.044%（李季和彭生平，2011），秸秆产生量为 650kg/亩
SW_4	湿地植被	堆肥场	氮磷含量×植被生物量（美人蕉）	现场调查和采样分析，氮含量为 23.73mg/g，磷含量为 5.09mg/g；干生物量为 2.12kg/m²；湿地面积为 180m²

续表

符号	物质流	去向	确定方法	数据来源
SP_1	化粪池污泥	堆肥场	污泥氮磷含量×污泥年产生量	样品采集分析，氮含量为 25.15mg/g，磷含量为 9.76mg/g，污泥年产生 1.02t
CP_1	堆肥还田	农田	堆肥产品氮磷含量×堆肥产量	样品采集分析，堆肥产品氮磷含量为：N（3.48%）、P（0.44%），堆肥产量为 24 680kg/a

5.2.1.3　结果与分析

由图 5-3 可知，食物（F）、黄水（YW）、化肥（H）和农田渗滤水（L_1）是主要载氮媒介。村域系统每年输入氮 3927.63kg，主要的输入源为食物外购（F_2），占总输入的 66.7%，其次是化肥（H），占总输入的 22.2%；每年向大气环境释放氮 282.02kg，主要以氨气、氮气等气体形态，尿液存储氮挥发（G_2）最多，占 47.7%，其次是农田氮挥发（G_1），占 43.3%；每年向水体和土壤介质环境排放氮 1211.06kg，其中农田退

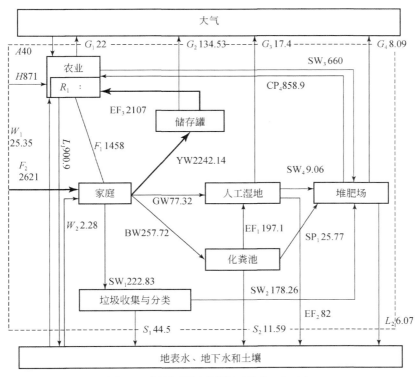

图 5-3　村域系统氮平衡（单位：kg/a）

注：箭头粗细代表氮含量大小，虚线框表示研究边界

水和渗滤流失（L_1）是对周边水体环境影响的主要氮源，超过氮输出的 70%。生态卫生厕所通过尿粪分离，将黄水存储后回用于农田，实现 55% 以上的氮的循环利用。堆肥场每年向农田提供有机肥，实现 858.9kg 氮的回归。

由图 5-4 可知，食物（F）、化肥（H）、农田渗滤水（L_1）和黄水（YW）是载磷的前四位媒介。食物磷输入占 65% 以上。农田退水仍然是对周边水体环境影响的主要磷输出源，超过系统磷输出的 90%。生态卫生厕所实现 20% 以上的磷的循环利用。化粪池和人工湿地可以有效缓解灰水、褐水中氮的污染，堆肥场每年实现 108.81kg 磷的循环。

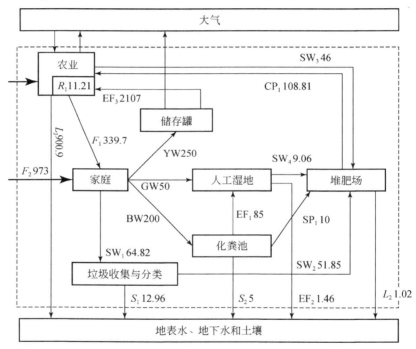

图 5-4　村域系统磷平衡（单位：kg/a）

注：箭头粗细代表磷含量大小，虚线框表示研究边界

农村人居环境改造工程实施前，家庭生活产生的废水（黄水、灰水和褐水）没有处理，直接通过明沟或暗渠排放，生活垃圾被弃置在路边，60% 的农田秸秆被就地焚烧，其他 40% 的秸秆粉碎后还田。工程改造前后，村域向周围大气、水体和土壤环境排放的氮磷量变化见表 5-6。由表 5-6 可知，工程改造后，向大气排放的氮减少了 1433.98kg/a，向水体和土壤环境排放的氮消减了 68.13%，磷消减了 56.61%。

表 5-6　工程改造前后氮磷排放量对比

项目	向大气排放氮磷（kg/a）	向水体和土壤环境排放氮磷（kg/a）
改造前	1716 [0] *	3280 [961.72]
改造后	282.02 [0]	1045.06 [417.34]

　*［］中数据为磷排放量；工程改造前家庭废水向大气释放氮按黄水、灰水和褐水氮总量的 15%（Remy and Ruhland，2006）计算，其余排入水体和土壤中；秸秆燃烧释放的氮占总量的 60%，磷 100%进入农田；垃圾排放含氮气体按总量的 20%（蔡传钰等，2012）计算，其余 80%进入水体和土壤环境中

　　综合以上可知，通过人工湿地、生态厕所、化粪池、有机垃圾生化处理等人居生态基础设施的建设，实现了氮磷营养物质从农田到人类消费再到农田的循环（图 5-5）。从源头上消减氮磷直接释放到环境中的数量，不仅可以缓解农村面源污染，而且补充了农田有机质，对保障食品安全具有重要意义。

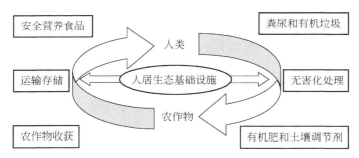

图 5-5　人居生态系统营养流闭合循环

5.2.2　经济效益

　　本研究采用内部收益率（internal rate of return，IRR）计算生态基础设施的投资效率来表征其经济效益。IRR 表示资金流入现值总额与资金流出现值总额相等、经济净现值（ENPV）为 0 或者成本效益为 1 时的折现率，IRR 也包括投入的机会成本。如果 IRR 值等于投资机会成本，该项目即被认为实现了利润，经济可行可以实施。

　　根据社会资本折现率，基准收益率定为 10%，高于银行贷款利率，其计算公式如下：

$$IRR = i_1 + \frac{|ENPV_1|}{|ENPV_1| + |ENPV_2|} \times (i_2 - i_1) \qquad (5-1)$$

式中，IRR 为财务内部收益率；ENPV 是经济净现值，$ENPV_1$ 为与最低折现率 i_1

对应的接近于 0 的最小的正值；$ENPV_2$ 为与最高折现率 i_2 对应的接近于 0 的最大的负值。

通过生态基础设施的建设，可以减少村民用于水费和化肥的投入。粪尿分离式厕所实现尿液单独收集和存储，减少了尿液冲释的次数和水量。据现场调查得知，平均每人每天减少约 16L 尿液冲释水的使用，全村每天可以节约用水 $8.88m^3$，全年合计能节约生活用水 $3241.2m^3$。人工湿地处理后的中水通过蓄水模块蓄积起来，中水被用水农田灌溉和道路喷洒，湿地平均每天产生中水 $28m^3$，全年可以提供中水 $10\ 220m^3$。粪尿分离式厕所节约自来水消耗，人工湿地处理后的中水可以回用也可以减少中水处理的费用。有机垃圾堆肥还田、尿液无害化处理后以液肥还田减少化肥的使用量，使农田土壤理化性质得到改变。根据村内氮磷营养流分析结果，将尿液还田、可存储罐和堆肥场每年产生的氮磷量折合成村民普遍施用的磷酸铵化肥量，由磷酸铵化肥的市场价格就可以得出其节省的化肥投入支出。水资源节约带来的经济效益可以依据自来水价格和中水处理价格来计算，其结果见表 5-7。此外，尿液和有机肥还田，可以提高水果、蔬菜的品质和产量，据村委提供数据，每亩可以增加 420 元收入，70 亩的种植面积每年创收 2.95 万元。农村人居生态基础设施的经济效益分析见表 5-8，成本投入包括建设投资、两名清洁工人工资和设施运行电费。以生态基础设施的使用周期为 15 年，利用式（5-1）在 Excel 函数工具辅助下可以计算出该模式下的 IRR 值为 12%，大于基准收益率 10%，说明该模式具有良好的经济效益。

表 5-7　农村人居生态基础设施经济效益

来源	产生量	单位价格	总费用（万元）
尿液还田	17.55t（折合磷酸铵化肥量）	1 900 元/t	3.34
堆肥场有机肥还田	7.15t（折合磷酸铵化肥量）	1 900 元/t	1.36
自来水	3 241.2m³	2.8 元/m³	0.91
中水回用	10 220m³	1.00 元/m³	1.02

表 5-8　农村人居生态基础设施的费用和效益

成本与效益	数值
成本投入	
建设投资（万元）[a]	61.2
两名清洁工人工资（万元）[b]	3.6
设施运行电费（万元）[c]	0.73
经济收益	

续表

成本效益	数值
尿液还田节约的化肥支出（万元）	3.34
堆肥场有机肥还田节约的化肥支出（万元）	1.36
节约自来水水费（万元）	0.91
中水回用节约水费（万元）	1.02
农田蔬菜、水果创收（万元）d	2.95
IRR（%）	12

注：a、d 数据由村民委员会提供；b 按照每人每月 1500 元，一年工作 12 月计算；c 湿地每天耗电 25kW·h，堆肥场每天耗电 15kW·h，电费为 0.5 元/（kW·h），计算全年 365d 耗电量

5.2.3　社会效益

三分建设七分管理，水峪嘴村配备两名专职人员，专门负责收集处理生活垃圾、污水等废弃物，承担垃圾处理、化粪池清淘、人工湿地维护、生态卫生厕所保洁等设施的维护、指导和服务。今后随着农村生态基础设施建设规模的扩大，还会带动一批产业的发展，从而带来更多的间接就业机会，如物流业、物业管理、有机肥料加工业、技术咨询服务业等，增加就业岗位的潜力巨大。

5.3　人居生态基础设施集成系统对城乡物质"断环"重构的效益分析

5.3.1　城乡物质循环的"断环"成因

城市与乡村是一个完整的系统，现行的城市设计经常犯一个系统性的错误，造成当前城市卫生系统的缺陷及农村环卫系统的缺失。在"重城轻乡"的二元体制下，就出现这样的困境：为改善城市生态环境，而投入大量的资金来处理污水和生活垃圾；农村生活和生产污染物随意排放，农田化肥超量施用带来面源污染，土壤有机质因长期的"入不敷出"而造成耕地质量退化。究其原因，联系城市与农村的关键结点断裂，因此，如何寻找出城市和乡村的有机结合点，使得城市乡村在整个大自然环境的背景下和谐相融互补，就显得尤为重要。

从图 5-6 中可以看出，联系农村和城市的纽带被割裂的位置在：从农村向城

市供应的农产品，城市在消化后，却被简单地处理掉，而不是返还回农村。但实质上，这部分被丢掉的垃圾中含有大量的有机成分，如果被农田再次利用，不仅可以缓解污水处理厂的负荷，而且减少化肥的施用，以及这些工厂所消耗的能源，降低合成化肥的污染，也降低为生产化肥、处理污水而合成化合物的能耗与污染，提高土壤质量，提高食物质量，促进人类健康，大大节约能源，减少对矿物能源的依赖，降低二氧化碳等温室气体排放等，一举多得。

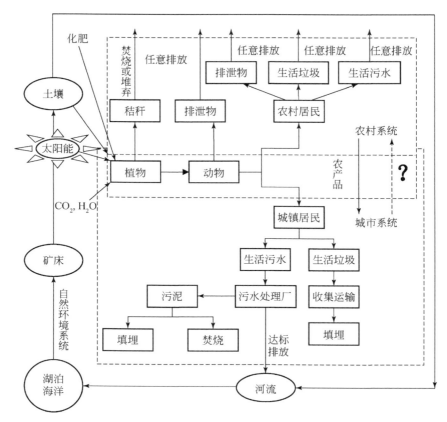

图 5-6　传统城乡物质代谢示意

5.3.2　城乡统筹下的人居生态基础设施集成系统的构建

党的十六大提出"统筹城乡"的重大战略决策，致力于突破城乡二元结构，破解"三农"难题。当前城乡统筹的措施主要还是让资源要素下农村，在基础设施、社会保障、生活方式上努力与城市接轨，但这些措施的实施仅仅是让乡村向城市靠近，并不是一种相互接纳相互促进的互动式发展模式。本研究构建了一套理想的城乡物质循环利用系统（图 5-7），在此系统中，农村建设生态基础设施系统，而在城市环卫设计中，只需要改变其排水系统，进行源分离，将分离出的排泄物和厨余垃圾输入生物再生能源厂，由生物再生能源厂再造出适于不同农作物需求的有机肥料，同时可将产生的沼气经过处理后并入附近的燃气管网或上网发电，供居民、企业使用。有机肥通过物流作业送入农村，以达到城乡互补与有效融合，实现城乡统筹的目的。从图 5-7 中可以看出，由城市和农村组成的人居系统以自然环境为基础，并在自然环境内循环，不破坏自然环境的自循环机理，连接了农村与城市的断裂点。

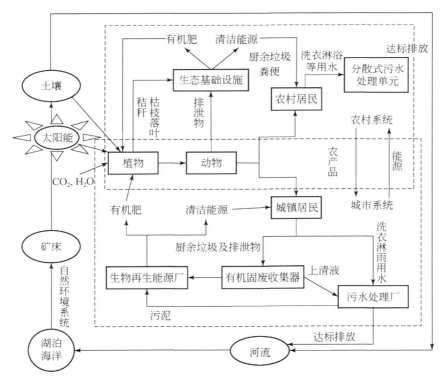

图 5-7　循环型城乡人居生态基础设施系统的构建

在重构的物质元素循环系统中，最需要解决的是城市和农村人居生态基础设施系统的建立，该系统分为 3 个子系统，即有机垃圾收集系统、给排水系统、再生能源供给系统。三个子系统的建立满足了生态可持续人居系统发展的基本条件，即：将人粪尿及有机垃圾与其他垃圾分类收集并无害化处理；把收集到的营养物质安全地予以回收利用；将排出的污水分管处理以安全利用，或回送补给地下水，构建整个生态圈的基本物质的闭合循环系统。

5.3.3 循环型城乡人居生态基础设施集成系统的复合效益分析

5.3.3.1 生态效益

（1）保护水体

采用生态基础设施集成系统，将污染源从源头进行分离，并将污水按照出水性质分管排放，使得轻度污染的杂排水经中水处理站处理后循环利用，而从厕所和厨房排出的重污染的水则去营养化后流入市政污水处理厂，营养物质则回到农田，减轻甚至完全避免水环境的二次污染，真正实现污水的零排放和整个水生态圈的良性循环。

（2）改良土壤

根据联合国粮食及农业组织（Food and Agriculture Organization of the United Nations，FAO）报道，由于侵蚀，地球上表土每年要流失 2.5×10^{10}t（Loftas and Ross，1995）。化学肥料能促进植物生长，但不能代替表土。表土层含有由腐烂动植物体形成的腐殖质，富含碳化合物和微生物，这些都是健康植物生长必需的，而化肥中则没有。表土的丧失带来的是人类食物安全性的丧失，世界上许多地方土地生产力的下降，往往是表土层流失的结果。采用生态基础设施集成系统后，改变农业发展模式，减少化肥的施用量，可改善土壤性状，提高土壤肥力。

（3）增加营养物质的生态补给

人粪尿的养分，约含 80%的 N、50%的 K 和 P，作为粮食作物的一种肥料，几乎可以替代化肥。而且像 P、K 这种矿物质元素是不可再生的资源，生产它们还需要消耗大量的能源。生态学指出，人类如果按现在的农业施用化肥的模式发展，全球的磷矿资源只能再使用一百多年。如果将可生物降解垃圾（厨余垃圾）与粪尿一起分散处理后回用于土地，可实现城乡间"人类—食品—农业—人类"的物质交换，从而维持了自然界 N、P、K 等物质流周而复始的良性循环。

一个 10 万人口的城市每年的粪便产量中，含有 50 万 kg 的 N、P 和 K 元素（雨诺·温布拉特，2006）。对北京市门头沟区这个有大约 27 万人口的区域，将会产生约含有 135t 的 N、P 和 K 元素。让这部分营养物质回到农田，将会减少大量的化肥用量。据 2013 年北京市门头沟区统计年鉴表明，门头沟区当年的农用化肥用量达到 381.2t。目前我国的化肥利用率很低，在 30%～35%（黄鸿翔等，2006）。若按 35%计算，那么实际对营养元素的需求大概在 133t 左右，加上大量的厨余垃圾，完全可以满足农田营养物补给的需求。

5.3.3.2 经济效益

（1）节约水资源

城乡采用节水型厕具和中水回用处理技术后，按平均每人每天耗水 100L 计算（传统城镇居民生活用水每人每天按大约 140L 计算，采用节水型厕具后，冲厕用水仅为传统冲厕用水的 1/6～1/7，而传统冲厕用水又占全部用水的 32%，因此，按平均每人每天 100L 计算），冲厕及绿化全部采用中水系统供给的回用水，那么相对于传统的用水系统，每人每天可以节约净水约 50L（按照冲厕用水占生活用水的 32%，绿化用水占生活用水的 3%计算所得）。假设门头沟区全部的人（按27 万计算）均采用生态卫生系统，那么每天将节省大约 13 500m³ 的净水。

（2）减少污水处理能耗

改进的排水系统从源头上进行粪尿分离，不进入传统的市政污水管网，减少了污水处理厂的能耗。城市污水处理厂消耗的能源主要包括电、燃料及药剂等潜在能源，其中，电耗占总能耗的 60%～90%。根据不同的工艺、规模、处理等级和管理水平，电耗有所差异。目前我国城镇污水处理厂平均电耗为 0.29（kW·h）/m³（杨凌波等，2008），按照此标准，每天可以节约电耗 3915kW·h。

（3）增加农民收入，提高农业生产水平

随着人们对食品安全的愈加重视，有机农业将会越来越受到重视。这种不用人工合成肥料、化肥和添加剂的农业生产模式如果与生态卫生系统衔接，那么不仅解决了有机农业发展的原料问题，而且可以相应地改善当前的环境问题。有机农业食品在国际市场上的价格通常会比普遍产品高出 20%～50%，有的甚至高出1 倍以上。因此，发展有机农业会增加农民收入，并提高农业生产水平。

5.3.3.3 社会效益

（1）改善卫生环境，减少疾病发生，保障食品安全

城乡人居生态基础设施集成系统不仅使城市的环境卫生得到了较好的改善，而且使农村的生活垃圾和人、畜粪尿有了其去处，会极大地改善农村的环境现状。目前人类疾病发生的大幅度上升，尤其各类癌症的大幅度增加，几乎都与化肥农药的污染密切相关，在转变农业发展模式后，可以极大地减少化肥的使用量，而且生态卫生系统的水处理过程，减少了污水流入附近江、河后进入农田的概率，因此使得农产品更加安全且品质优良，有利于保障人体的健康。

（2）促进社会可持续发展

城乡人居生态基础设施建设可促进人与环境、城市与乡村的交流，构建物质流的循环，实现废弃物减量化和资源化，达到可再循环利用的目的，有利于形成

循环式经济体系，有利于城镇建设的可持续发展，是我国和全球实施可持续发展战略的重要途径之一。

5.4　本章小结

1）构建了农村人居生态基础设施关键技术集成的原则和模式，建立了具有广泛代表意义的"村庄"模式生态卫生集成系统，可通过微型化推广到农户，规模和功能的扩展可通过大型化和规模化引申到乡镇或乡镇以上的区域。

2）本研究以北京市门头沟区水峪嘴村为例，从营养物质循环、面源污染消减、节约水资源、投资收益及创造就业机会等视角，分析村级单位生态卫生集成系统在生态、社会和经济方面的综合效益。研究结果显示，集成后的生态卫生基础设施每年实现 2956.9kg 氮、348.81kg 磷循环回归农田，避免直接排放环境中而加重农村面源污染；源分离便器的使用每年可以节约生活用水 $3241.2m^3$，人工湿地工程全年可以提供中水 $10\,220m^3$；相比于工程改造前，村庄向大气排放的氮减少了83.5%，向水体和土壤环境排放的氮消减了 68.13%、磷消减了 56.61%；集成系统全年可以降低用于化肥和水费支出的经济投入 6.63 万元，内部收益率为 12%，大于基础收益率 10%，经济效益明显。此外，生态工程的建设和维护也创造了就业岗位。

3）城乡人居生态基础设施集成系统可以重构城乡物质"断环"，实现城乡间"人类—食品—农业—人类"的物质交换，以达到城乡互补与有效融合，从而从根本上解决城市与农村的人居生态环境问题。

|第 6 章| 农村人居生态基础设施
适应性管理

6.1 多利益主体参与农村人居生态基础设施
管理的博弈分析

6.1.1 农村人居生态基础设施建设的利益相关主体定位与识别

农村人居生态基础设施的建设,与政府、企业和农民等多个利益主体相关。由于多个利益主体间的利益与权力具有差异性,因此,农村人居生态基础设施的管理涉及多利益主体之间的竞争和制衡,为理清其间复杂的利益关系与矛盾,本研究采用利益相关者理论和博弈均衡模型,揭示农村人居生态基础设施建设与管理发展的内在动力,以促进农村人居生态基础设施建设与管理的可持续发展。

根据米切尔曾提出的利益相关者理论,利益相关者的确定(stake-holder identification)和利益相关者的特征(stake-holder salience)是该理论的两个核心问题(区晶莹等,2013)。本研究通过文献查阅整理和农村生态工程案例实地调查,对农村人居生态基础设施利益相关者进行了初步的总结,分为以下几种类型,详见表 6-1。运用米切尔提出的利益相关者的"双相"差异性和 Mende-low 的利益相关者权力-利益矩阵(stake-holder mapping)(张维迎,2004;高和平和靳晓雯,2012)来进行相关分析,如图 6-1(a)所示。在此理论基础上将以上通过文献调查和实地调查列举出的农村生态基础设施建设中的 17 个相关的利益相关者进行二维模块分析,如图 6-1(b)所示。其中横坐标表示农村人居生态基础设施对某利益相关者的利益影响的程度,纵坐标表示某相关主体在农村人居生态基础设施管理中所具有的权力大小。

表 6-1　农村人居生态基础设施管理中的利益相关者

组织类型		类型细分
政府部门（G）	中央政府（G_1）	国务院（G_{11}）、生态环境部（G_{12}）、住房和城乡建设部（G_{13}）、农业农村部（G_{14}）
	地方政府（G_2）	省政府（G_{21}）、市政府（G_{22}）、县政府（G_{23}）、乡政府（G_{24}）
	其他部门（G_3）	村民委员会（G_{31}）
社会公众（O）	社会团体（O_1）	承包企业（O_{11}）、监理公司（O_{12}）、新闻媒体（O_{13}）、社会公众（O_{14}）、NGO[①]（O_{15}）、金融机构（O_{16}）
普通群众（P）	农户（P_1）	
自然环境（E）		

注：NGO（Non-Governmental Organizations），即非政府组织

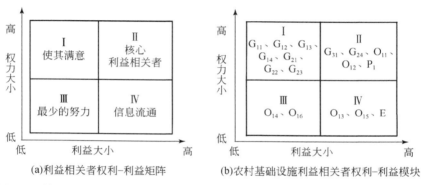

(a)利益相关者权利-利益矩阵　　　(b)农村基础设施利益相关者权利-利益模块

图 6-1　利益相关者权力-利益识别定位和农村生态基础设施管理的利益相关者分区

　　根据实地调查访问的结果将 17 个利益相关者较为合理地列于Ⅰ、Ⅱ、Ⅲ、Ⅳ四个模块区中。其中，Ⅰ区是权力大、兴趣小的利益相关者，主要是政府部门，所以其对农村生态基础设施的维护权力大，但农村生态基础设施管理的好坏对其切身利益影响不大；Ⅱ区是最为关键的利益相关者，因为农村生态基础设施的管理好坏对其自身利益影响较大，所以他们对生态基础设施的决策最感兴趣，同时也最有发言权，是最为关键的人群；Ⅲ区是权力小且兴趣也小的利益相关者，这类群体一般情况下很少去关注管理工作及其成效，所以相对而言他们付出的努力也是最小的；Ⅳ区是权力小但兴趣大的利益相关者，他们对农村生态基础设施的管理工作及其成效兴趣较大，利益相关程度也较大，但是却没有足够的权力去维护相应的利益。通过调研访问及专家意见可知，社会团体在农村生态基础设施建设中的活跃度与农户、政府及其他集体相比较低，为了便于研究，本研究优选出关键利益相关者中最主要的农户（P_1）、地方政府（G_{23}、G_{24}、G_{31}）、承包企业（O_{11}）利益主体进行博弈分析，探讨他们共同参与生态基础设施管理之间的博弈均衡。

6.1.2 多元利益主体共治的博弈分析

本研究从博弈论的视角具体分析农村人居生态基础设施建设中村民、企业和政府的多重利益关系及农村生态环境恶化的深层次原因。

6.1.2.1 博弈论的相关概念

博弈，就是各个参与者按照理性思维选择自己决策的过程。博弈的主体主要由博弈参加者、策略组合、所得利益这三个要素组成。每个参与者称为博弈方；所有博弈方可能采取的行为策略组合为策略组合；所得利益指博弈方根据自己选择的策略得到的相应"收益"。另外，博弈论中很重要的概念——"纳什均衡"，当各博弈方都不愿意单独改变自己选择的策略组合而增加收益时，这个策略组合就达到了"纳什均衡"，即找到了博弈的解。

6.1.2.2 农户之间的博弈

在农村生活污染中，农户是生活污染的制造者，其行为直接影响着生活污染整治的效果。假设甲、乙两位互相了解的农户在垃圾、污水等排放时有环保和不环保两种策略。由表 6-2 可知，甲、乙农户都采取环保策略时，分别得到环境收益为 R，支付环保成本为 C；当一方采取环保策略，而另一方不采取环保策略时，双方得到环境收益为 R_1 且 $R_1<R$；当双方均不采取环保策略时，考虑到农村生活污染程度较低，仍能得到环境收益 R_2，但 $R_2<R-C$。

甲、乙农户间的博弈有两个纳什均衡策略，即（环保，环保）和（不环保，不环保）。但在农户的策略选择中，只要有一方采取"环保"策略，也会给其他农户带来"搭便车"的好处，且采取"环保"策略的村民的收益为 R_1-C，而采取"不环保"策略的农户的收益为 R_1，"不环保"策略下获得的收益还多 C，这意味着采取（环保，环保）对甲、乙农户来说都具有较大的风险。考虑到风险因素，且从理性人追求个人利益最大化的角度来看，农户想要回避风险就会采取"不环保"策略，博弈最终陷入了"囚徒困境"，这也是农户对农村生活污染整治积极性较低的原因。

表 6-2 甲、乙农户博弈的支付矩阵

农户甲	农户乙	
	环保	不环保
环保	$R-C$，$R-C$	R_1-C，R_1
不环保	R_1，R_1-C	R_2，R_2

6.1.2.3　政府和农户间的博弈

在农村人居生态基础设施管理中，为实现自身利益最大化，在农户策略集为（环保，不环保）的前提下，政府可以选择监管或不监管，其策略集为（监管，不监管）。

农户不能主动采取环保行为进行生产和生活的情况下，政府就必须采用一定手段治理污染，同时制定一些政策来引导和激励农户主动治理污染。在政府和农户的动态博弈模型中，其基本假设如下。

1）农民不环保和环保行为下的收益分别为 R_0 和 R_1。政府加大对农户环保行为的监管，对农户的环保行为不仅会受到政府补贴 M，而且还会产生一些间接的、非物质形态的收益 N，表现为农产品竞争力提高、当地居民的赞扬等。

2）政府监管需要支出大量人力、物力、财力等监管成本 A，如检查到农户不环保行为，除口头警告农户之外，政府需进一步培训这部分农户环保技术的成本为 A_h；政府对农户行为采取不监管的话，会受到公众的指责，这会影响政府官员的形象、政治业绩，事关官员的升迁、仕途等，把政府因放任农户污染而带来公众的指责、政治业绩等的损失称为政治成本，记为 H。政府监管农户环保行为带来的效益为 F。由此可知，政府和农户在不同策略下的博弈矩阵见表 6-3。

表 6-3　政府和农户的博弈矩阵

		农户	
		不环保	环保
政府	监管	$-(A+A_h)$, R_0	$F-A-M$, R_1+M+N
	不监管	$-H$, R_0	F, R_1

对上述博弈矩阵进行分析，得到如下结论。

1）$F<A+M$ 时，政府监管的收益抵不上成本，政府最优选择是不监管。

2）当 $R_0>R_1+M+N$ 时，农户不环保行为产生的效益高于环保行为与政府补贴、其他效益之和，无论政府采取什么行为，农户最优策略都是选择不环保。

3）综合 1）和 2），当 $F>A+M$，$R_0<R_1+M+N$ 时，该博弈出现两个"纳什均衡"点，政府与农户会处于一种针锋相对的状态，即政府监管力度大，农户选择环保行为；政府不监管时，农户选择不环保行为。

在实践中，双方并不能准确了解对方行为的选择，通常会采取一种混合策略，即双方都以一定的概率来采取行动，最终达到混合策略"纳什均衡"。无论哪一方单独改变自己的策略，或者随机选择各个纯策略的概率分布，都不能给自己增加任何利益。设农户选择环保行为的概率为 p，农户选择不环保行为的概

率为 $1-p$。设政府监管的概率为 q，政府不监管的概率为 $1-q$。政府和农户的混合策略博弈矩阵中，农户博弈方的混合策略集为（p, $1-p$），政府博弈方的混合策略集为（q, $1-q$）（图 5），农户混合策略下期望收益为 U_g；政府混合策略下期望收益为 U_h。

根据表 6-4 的混合策略博弈收益矩阵，得到政府的混合策略期望收益为

$$U_g = q[-(1-p)(A+A_h)+p(F-A-M)]+(1-q)[-(1-p)H+pF] \tag{6-1}$$

表 6-4　政府和农户的混合策略博弈收益矩阵

政府	农户	
	不环保（$1-p$）	环保（p）
监管（q）	$-(A+A_h)$, R_0	$F-A-M$, R_1+M+N
不监管（$1-q$）	$-H$, R_0	F, R_1

令政府的期望收益函数对 q 求偏导，可得到政府选择监管最优化的一阶条件为 $\frac{\partial U_g}{\partial q}=0$，则整理后结果 p^* 的表达式如下。

$$p^* = (H-A)/(M+H) = 1-(M+A)/(M+H) \tag{6-2}$$

农户的混合策略期望收益为

$$U_h = p[q(R_1+M+N)+(1-q)R_1]+(1-P)[qR_0+(1-q)R_0] \tag{6-3}$$

令农户的期望收益函数对 p 求偏导，可得到农户选择环保行为最优化的一阶条件 $\frac{\partial U_g}{\partial p}=0$，则整理后结果 q^* 的表达式如下。

$$q^* = (R_0-R_1)/(M+N) \tag{6-4}$$

由农户选择环保行为概率 p 可知：①p 与 A 成反比，表明政府监管农户活动的成本越高，其收益越低，从而使政府监管意愿降低，部分"搭便车"农户则更加倾向于选择不环保行为。②p 与 H 成正比，表明政府作为公众利益的代言人，政治成本越高，表明政府遭受社会舆论、公众谴责的压力越大，迫使政府会加大监管力度，同时政府也会积极采取相应的措施，为农户提供技术支持、环保技术宣传及培训等，对环保行为的农户实施财政补贴，同时减少"搭便车"农户所得净收益，从而使农户更加倾向于选择环保行为。

由政府选择监管概率 q 可知：①q 与 M 成反比，表明农户采取环保行为获取的补贴越高，农户的净收益越大，从而有效地激励了农户采取环保行为，同时，农户也意识到环保产品备受青睐，能给农户带来更多的收益，所以不需要政府监管，农户也倾向于选择环保行为。②q 与 R_0 成正比，R_0 越高，表明农户选择不环

保行为所获得净收益越高，农户受到短期利益的驱动，更倾向于选择不环保行为，这就需要政府加大监管力度，有效约束农户行为。

6.1.2.4　政府与企业之间博弈

我国现存农村生活污水治理、垃圾治理等人居生态基础设施建设的资金主要来源于中央政府和地方政府的投资。这种投资模式存在总量不足、产权界定不清、结构不合理等问题。农村生态基础设施的非排他性和非竞争性的公共物品属性，决定了其盈利少、风险大的特征，阻碍了民间资本参与生态建设和管理的道路。政府采取一定政策优惠，对市场中的企业进行激励，引入民间资金来使基础设施私人拥有成为了一种解决基础设施管理的可行方式。对供给机制多样化，Reymont（1992）首创了公共产品供给的 PPP（publice-private-paretnership）模式，即公共部门和私人部门的合作伙伴模式。本研究主要是分析政府为了解决资金不足的问题，通过采取一定政策优惠的方式，对市场中的企业进行激励，促使其进入农村基础设施的建设项目过程中政府与企业间的博弈。民间企业愿意参与农村生态基础设施的博弈基于以下假设。

1）假设企业在进入基础设施建设这一项目时的投资为 C，政府对企业的优惠是一个关于企业投资力度的增函数，企业通过优惠得到的利益为 $W（C）$。由于他们的策略选择存在先后顺序，博弈是动态的。此外，还考虑企业的机会成本，也就是不接受这个建设项目，投资其他项目的利益 U。

2）假设企业在投资 C 下进行基础设施建设，最后得到的收益为 R。

3）假设建设项目没有其他项目与其进行竞争，且不考虑随着经济增长和人口环境变化对其受益人群数量 a 的影响，这样就可以认为其收益 R 为一个常数。而企业只有在此优惠条件下接受项目得到的利益不小于机会成本 U，也就是 $R-C+W（C）\geqslant U$。假设建设是由企业来提供全部资金，政府在此的职能主要是引导、协调、监督。定义政府的效用大小为企业利润之和减去政府补贴，还需考虑项目的社会效益 F。当企业选择不参与时，建设由政府提供全部资金，可以得到表 6-5 中的一个博弈矩阵。

表 6-5　政府与企业博弈矩阵

政府	企业	
	参与	不参与
优惠	$R+F-W（C）$，$R+W（C）-C$	$R+F-W（C）-C$，U
不优惠	$R+F$，$R-C$	$R+F-C$，U

假设政府提供优惠政策的概率为 θ，开发商介入生态基础设施建设的概率为 δ，

现给定δ，则开发商介入改造$\delta=1$和不介入改造$\delta=0$情况下的期望效用分别为

$$E_1=\theta[R+W(C)-C]+(1-\theta)(R-C) \tag{6-5}$$

$$E_2=\theta U+(1-\theta)U \tag{6-6}$$

由$E_1=E_2$，整理后结果θ^*的表达式如下。

$$\theta^*=\frac{U+C-R}{W(C)} \tag{6-7}$$

$\theta>\theta^*$时，企业参与基础设施的建设，否则会不参与基础设施项目转而开发其他项目。企业的策略选择依赖于政府的策略，而政府的选择也会受企业的策略影响，实际的过程是一个动态博弈过程，如图 6-2 所示。

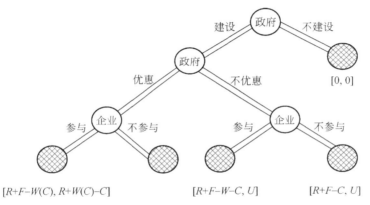

图 6-2　政府与企业博弈模型

第一阶段是政府的策略选择阶段，如果选择不进行人居生态基础设施建设，政府在不建设时的利益为零，甚至有可能是负值。如果政府决定进行建设，那么下一步政府为了吸引企业进入，就应该决定是否制定一些政策优惠来刺激企业进入基础设施建设领域。第二阶段的选择内容为是否优惠，无论政府在第二阶段选择制定优惠政策还是不制定优惠政策，都进入第三阶段，由企业进行选择是否参与。政府在这一阶段如果选择不制定优惠政策，在第三阶段中若企业自主地参与进来，投入为成本 C，从政府角度来看，政府的收益与企业的利润及优惠额相关联，考虑项目的社会效益 F，则政府获得收益 $R+F-W$（C），企业的收益为$R+W(C)-C$；若企业选择不参与，则政府的收益就是由政府全部投资时所获得的收益$R+F+W(C)-C$，企业的收益为机会成本 U，即企业投资其他项目所获得的收益。

下面通过博弈论中的逆向归纳法（张维迎，2004）来对此扩展型进行分析。

在博弈中，出于理性的选择，政府和企业的目标都是追求利益最大化。在此模型的第三阶段中，在政府制定优惠政策时，由企业在（参与，不参与）中进行

选择。企业获得的收益分别为选择"参与"建设时的 $R+W(C)-C$ 和选择"不参与"建设时的 U。由前面已知条件可以得到 $R+W(C)-C>U$，因此，企业在政府优惠条件下的最优策略是参与。

在政府没有优惠政策时，企业同样在（参与，不参与）中进行选择。可以看到，在没优惠政策时企业参与的收益为 $R-C$，不参与的收益为边际效益 U。可知 $R-C<U$，因此，企业在政府不优惠条件下的最优策略是不参与。

因此，对政府来说，第二阶段关于优惠政策的制定与否直接关系企业是否参与，项目是否成功。对政府的收益来说，优惠时企业的最佳策略为参与，给政府带来了 $R+F-W(C)$ 的收益；不优惠时企业的最佳策略为不参与，政府的收益为 $R+F-C$。由 $W(C)<C$，可以得到政府为了自身的利益，一定会选择制定优惠政策。再退回到第一阶段政府的选择，无论如何选择，建设都是优于不建设的。这样就得到了此博弈的一个均衡（建设，优惠，参与）。

企业的利润可以分成企业在投资建设后运行的利润和政府提供优惠的利润两部分之和，而政府优惠力度的大小取决于 C。因此，政府的效益为企业所创造的利益减去政府优惠政策的补贴，其效益函数（田瑞华，2010）为

$$\pi_1=R+F-W(C) \tag{6-8}$$

企业获得的效益为

$$\pi_2=R-C+W(C) \tag{6-9}$$

假设公司投入建设的成本增加，则设施的质量提高，则政府给予的优惠增大，即有 $\delta W/\delta C>0$，假设政府是以企业投资成本的一定比率 k 来进行优惠的，那么设其函数关系为 $W(C)=KC^a$（$K>0$，$a>0$）。平均收益为常数 R，即基础建设的平均收益。企业能够得到的最大收益为 $\max[R+W(C)-C]$。

在给定的优惠率下，企业采取最大化自身利益的投入可以得到：

$$\frac{\partial \pi_2}{\partial C}=aKC^{a-1}-1=0 \tag{6-10}$$

$$C=(aK)^{\frac{1}{1-a}} \tag{6-11}$$

即此时企业以成本 C 进行投资所获得的利益最大。同时，可看出 a 是一个不变的常数，当优惠力度 K 增大时，企业的投资力度 C 也会增大。这也从理论上证明了政府的政策优惠对企业投资的激励作用。

对政府的收益函数 $R+F-W(C)$ 在此情况下的值，将 C 带入得到：

$$K=\frac{(R+F)^{1-a}}{a^a} \tag{6-12}$$

则当政府采用优惠率 K 时，企业的最优选择是以成本 C 进行投资。

由政府与企业之间的博弈分析可知，政府采取优惠政策能有效刺激企业进入

农村基础设施建设项目，并且投入随政府的政策优惠程度的增加，企业的投资收益达到最大。农村社会进步对基础设施的依存度较高，为了促进企业对其投资建设，政府需要根据实际情况，制定一系列的政策法规引导企业参与公共设施的建设。同时必须考虑私人供给的准入制度、产权和责任制度与法律来保障企业获得利益的权力与义务，制定连续和稳定的优惠政策来提高社会资金投资。

6.2　农村人居生态基础设施建设分区发展导引

6.2.1　分区指标和分区方案

考虑到北方各省区间的差异，本研究大致按照地理位置、地形、气候、水文、经济来划分，选择海拔、气温、人均水资源量、人均纯收入四个指标来对北方农村进行分区，将北方农村分为六个大区，对各分区的自然条件、社会经济发展水平及人居生态环境建设水平（参考 2.3 节内容）进行比较，见表 6-6。

表 6-6　北方农村分区特征分析

分区编号	包含省份	分区特征		
		自然条件	社会经济发展水平	人居生态环境建设水平
分区 I	黑龙江、吉林、辽宁、内蒙古	干旱多风，冬季较长而寒冷，平原为主、丘陵为辅	经济水平良好，农村城镇化水平中等	一般
分区 II	河北、山东	四季分明，水资源短缺，平原为主	经济水平良好，农村城镇化水平中等	良好
分区 III	山西、河南、宁夏	四季分明，水资源短缺，平原为主、丘陵为辅	经济水平一般，农村城镇化水平较低	一般
分区 IV	陕西、甘肃	干旱缺水，土壤贫瘠，高原为主、丘陵为辅	经济发展较缓，农村城镇化水平较低	落后
分区 V	新疆、青海	水资源富足，高原为主、丘陵为辅	经济发展较缓，农村城镇化水平较低	一般
分区 VI	北京、天津	四季分明，资源型缺水，平原为主	经济发展快速，农村城镇化水平高，环保投入充足	高

6.2.2　分区发展对策

为加强农村环境保护科技支撑，加快建立农村环境技术管理体系，指导各地农村环境整治工作，环境保护部组织制定《农村生活垃圾分类、收运和处理项目建设与投资技术指南》《农村环境连片整治技术指南》，住房和城乡建设部组织制定《分地区农村生活污水处理技术指南》等系列技术指导文件，这些指导文件成为本研究的重要技术参考依据。

表6-7列举了各区域人居生态基础设施建设的推荐工艺及未来发展的侧重点。需要指出的是，推荐工艺是针对一般区域特点提出，而中国北方农村幅员辽阔，农村地区情况复杂，在开展具体村落人居生态基础设施建设技术方案时，仍需综合考虑居民集聚程度、经济发展水平、当地村民的意愿等选择适应技术或适应技术的组合。

表 6-7 北方农村人居生态基础设施分区建设导引

分区编号	推荐方案				发展方向
	污水	垃圾	厕所	秸秆	
分区Ⅰ（黑、吉、辽、蒙）	土壤渗滤，稳定塘、潜流工人湿地等	垃圾定点存放、集中收集、转运，无机垃圾卫生填埋	深坑防冻式厕所	秸秆热电联产技术、秸秆低温腐熟技术等	研发生态基础设施冬季越冬技术，如寒区的尿液储存技术、潜流式湿地防冻技术等
分区Ⅱ（冀、鲁）	SBR，生物滤池，潜流人工湿地，土壤渗滤等	源头分类回收和预处理，结合"户收、村集、镇运、县集中处理"模式	三格化粪池、双瓮漏斗式厕所、三联沼气池式厕所	生物菌剂快速腐熟还田、秸秆饲料和燃料加工产业化	发展节水、废水处理和中水水处理利用；加大农村生态整治；开展有机废弃物的农业利用；积极推广沼气、秸秆气化等清洁能源
分区Ⅲ（晋、豫、宁）	化粪池、污水净化沼气池、潜流人工湿地、土壤渗滤等	源头分类回收和预处理，结合"户收、村集、镇运、县集中处理"模式	三格化粪池、双瓮漏斗式厕所、三联沼气池式厕所等	探索秸秆综合利用的新途径，如炭化活化技术等	发展节水、废水处理和中水水处理利用工程；研究人居生态系统与农业循环经济的关联与耦合
分区Ⅳ（陕、甘）	化粪池、污水净化沼气池、潜流人工湿地、土壤渗滤、稳定塘等	有机垃圾就地资源化利用，无机垃圾卫生填埋	无水堆肥式厕所、双坑交替式厕所	牧草秸秆生物质饲料技术、秸秆再生资源技术、秸秆生物菌剂快速腐熟还田	重点发展水资源约束下农村脆弱生态系统阈值内再生利用工程，如生态卫生旱厕、中水回用、雨水资源化利用；充分发挥优越的光热资源，挖掘生态能源潜力；重点发展营养物回用及增产的生态卫生技术，补充农田有机质
分区Ⅴ（新、青）	化粪池、污水净化沼气池、潜流人工湿地、土壤渗滤、稳定塘等	垃圾分类与分散处理相结合，厨余垃圾与养殖废物联合厌氧处理	三格化粪池、双瓮漏斗式厕所、三联沼气池式厕所、无水堆肥式厕所	新疆建立棉秆多途径高效循环的利用模式；青海发展秸秆青贮技术	研发高原地区单户或者联户分散式生态基础设施关键技术，示范和推广适合少数民族文化的生态基础设施技术
分区Ⅵ（京津）	SBR、MBR、生物接触氧化池、氧化沟、潜流人工湿地等	"村收集、镇运输、县处理"模式，实施大中型沼气	真空尿粪分集式厕所、三联沼气池式厕所等	秸秆气化技术，构建秸秆综合利用科技支撑体系	发展先进技术及先进管理方法，结合新农村及生态型人居建设，创建高水平试验示范点，起到展示、引领及推动的作用

值得注意的是，人居生态系统没有给出特殊的技术解决方案，而是依据不同情况，从诸多技术范畴中遴选应用并不断调整系统以满足社会、经济和环境可持续性的需要。从简单的低端技术到复杂的高端技术都是农村人居生态系统考虑的范畴。

在北方农村人居生态基础设施建设中，宜选择具有经济、地域和环境等典型代表意义的地区，首先开展示范工程研究，并逐步探索扩大应用的可能性。在推广应用中，可以根据各地村落的具体情况，实施多样化的人居生态基础设施建设。例如，一些村落大部分农田用于种植农作物，则该村落的秸秆较多，适合建立秸秆气化，如本研究中的苇子沟案例村，而以种植果树为主的村落则不适合，如本研究中的水峪嘴案例村；一些村落经济基础好、污水管网齐备、出水水质要求高，适合建立生物接触氧化+潜流人工湿地基础设施处理污水，如水峪嘴案例村，而本研究中的郝堂案例村，充分发挥和利用良好的生态环境本底，适合建设以排水沟渠和荷花塘为依托的重力跌水充氧沟渠+生态塘污水处理方案；某村以养殖牛、羊、猪等家畜为主要生活来源，则适合建立规模性的沼气池，这样能保证产气量来供村民使用，而无养殖村落则不用考虑牲畜的粪便处理；北方的村落在进行改厕时，若改成微水冲的生态厕所，如三格化粪池式，应考虑冲水设备冰冻的影响。

6.3 农村人居生态基础设施建设长效运行机制

6.3.1 构建多元主体参与建设的管理模式

在城乡统筹背景下，按照农村生态基础设施的属性，加快构建多元化建设模式，政府部门、科研人员、公众、企业、非政府组织（NGO）等共同参与，保障在资金、技术、管理等方面推进生态基础设施的长效维护机制。由于环境保护活动的复杂性和广泛性，不能全靠政府的管制和监督，市场可通过发挥"看不见的手"的作用，以弥补"政府失灵"的不足。由此，在市场需求驱动下，农村生态基础设施管理体系就是一个以农民为核心，各利益主体积极参与并互相作用的复杂体系，如图 6-3 所示。

农民是农村人居生态基础设施最直接的受益者，农民主体地位不可动摇。农民主体指在政府主导作用的启动和指引下，最大限度地发挥和调动农民群众的积极性，满足农民的意愿和需求。首先体现在要尊重农民的需求，赋予农民对新农村建设规划、实施、监测、评估全过程的决策权；其次必须体现农民的参与权，要充分发挥农民的主动性、积极性和创造性，让他们根据自己的意愿自己动手建设自己的美好家园。

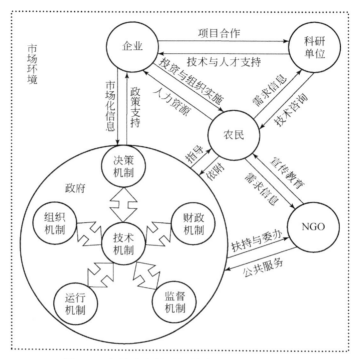

图 6-3   农村生态基础设施多元主体共治模式

政府在生态基础设施建设中，主要发挥政策导向、组织领导、规划设计、资金保障等作用。政府部门不但要考虑项目本身的经济效益，更要考虑社会效益和环境效益等，政府的目标是将农民作为项目的最终受益者，以农民改善人居生态环境的需求为导向。为吸收民间资金参与农村生态基础设施建设，政府需要充分发挥财政政策的导向和财政资金的引导作用，综合运用财政贴息、税收优惠、以奖代补、奖补结合等激励手段，引导、吸引民间企业，同时对企业的行为进行约束和监督。

企业是农村人居生态基础设施建设工程的实施者，负责解决工程维护问题。投资企业由于政府的补贴减轻了投资压力，能从项目的收益中得到应有的利润，并且在一定程度上解决由于单一主体（政府）提供资金引起的建设资金缺乏。通过引入更成熟的技术、管理、人力等方面，使基础设施的供给更有效率，有利于基础设施市场化的运营，改善农民的生产生活条件。企业还可以与科研机构开展项目合作，为科研单位提供实践基地与平台，两者相互配合，有利于农村生态环保科技创新，提高污染处理技术产品科技含量。

科研单位是提高农村人居生态基础设施建设科技水平的保障者。科研单位可以在一些条件好，设备完善的农村基础设施建设园区建立科研基地，建立产学研结合的科技创新体系，开展高科技农业基础设施建设试验示范，并推广和转化先进的农村环境保护科技成果。科研单位亦可为农村基础设施建设提供技术咨询指导和人才保障，按照"有文化、懂技术、会经营"的目标，培养高素质的科技骨干人才，建立适合农村可持续发展的科技支撑体系，推进农村基础设施建设事业科技进步。

NGO 在农村生态基础设施建设中也发挥着积极的作用。农村 NGO 主要指那些由农民自发形成的，能够真正代表农民利益的各种公益性的民间组织，如农会组织、农业合作组织、农村专业技术合作组织等。一方面，NGO 可以把农民的需求及时反映给政府，成为农民利益表达的重要渠道；另一方面，农村非政府组织也能将政府有关惠农利农的政策传达给农民。这样，农村非政府组织在农村生态基础设施建设中就显得更加理性和灵活，而且，在一定程度上减少了矛盾冲突，促进了农村的和谐与稳定。

6.3.2 创新集成农村生态环境保护工程技术

科技引导是促进我国农村生态环境改善的重要环节，科学技术进步为农村生态基础设施的建设提供了强有力的支持和技术储备，为解决农村人居生态基础设施建设中面临的关键制约问题提供了可能和机会。但某一单项技术的开发和示范，难以形成工程技术合力和综合配套，不能充分解决农村生态环境改善的问题，需要针对农村生态环境改善的要求对现有单项技术进行集成、组装、配套、补充开发和系统优化设计，并针对不同类型的农村，提供以实现最小排放为目标，通过技术与管理结合，实现若干系统优化的成套技术与管理经验。

除了集成和整合轻简实用的技术与模式，还应培养一批研究农村生态基础设施的研究团队，开展包括生活垃圾家庭和社区减量、生活污水分散式处理和村域水体的生态净化活化、卫生厕所粪尿分离无水冲厕、有机垃圾无害化还田、可再生能源开发、生态景观和生态建筑等一体化研究和示范，针对该系统已经或可能出现的技术、管理等问题进行分析，并不断地完善以便系统从试点向普遍推广运用。

6.3.3 孵化、培育农村生态服务管理产业

人居生态基础设施的构建涉及建设（规划）、水利、环保、农业、能源等部门，

如果这几个部门不能相互协调好，那么这个基于物质多级循环利用系统的任何一个环节都可能脱节。尤其是城乡人居生态基础设施的构建，让城市的有机垃圾变成资源回到乡村，并由乡村供应这种资源产出的有机农产品回到城市，实现了基本物质元素在生态圈中的循环利用。因此，生态基础设施建设需要一个能协调各相关单位行动的机构，统筹管理本地区生态基础设施的决策、研发、设计、制造和维修服务，建立和完善生态卫生的管理和服务网络体系，沟通各职能管理机构、系统产物和使用者的关系，维持系统的高效运转和可持续性。

人居生态基础设施建设，一半靠建设，一半靠管理和维护，有条件的地方，要积极探索推广农村社区物业管理，统筹城乡环境监测资源，对农村环境进行常态化监测。设立村级生态物业管理站，依照"七有标准"，即有机构、有场所、有制度、有人员、有活动记录、有报酬、有零配件的标准专柜，建设村级物业服务站。物业服务站有固定的维管人员，专门负责收集处理生活垃圾、污水等废弃物，承担垃圾处理、化粪池清淘、人工湿地维护、生态卫生厕所保洁等设施的维护、指导和服务工作。物业服务站由上级政府财政补贴、村财政和村民自筹等方式运营，为保证这些钱全部用在村民身上，物业服务站至少每半年要向村民公布一次费用及使用情况，接受村民的监督。

6.3.4　落实技术规范及标准

农村人居生态基础设施建设所涉及的技术方案及设备在国内外均已有现成的工艺，但是如何将这些技术工艺整合到一个完整的系统下，并安全高效地发挥效益，制定统一的技术规范及标准显得尤为重要。缺乏针对环境污染特性、区域特征差异的规范化、标准化的农村人居生态基础设施建设相关技术导则、规范和标准，尚未建立起配套的科学技术支撑体系。总结起来，需要制定的规范和标准包括以下几部分：①分区农村人居生态基础设施建设适用技术指南，按照全国不同地区自然、经济和社会等条件，筛选、优化配置和集成组装各类生态工艺技术，建立起配套的规范化、标准化的因地适宜的人居生态基础设施建设相关技术导则和标准。②针对不同的规模、用水要求制定出排水系统中水回用的技术规范及处理工艺和中水出水标准。③有机垃圾在运输过程中的无害化处理工艺及标准。④针对不同的农产品对养分的吸收要求，制定出不同的有机菌肥产品标准。⑤沼气上网发电的技术标准及电价费用标准。⑥从生物能源厂排入市政污水处理厂的出水标准。⑦生态厕所尿液储存工艺及无害化还田标准。

6.3.5 加大相关资金投入

资金缺乏是农村人居生态基础设施建设的重要约束因素，增加各级政府资金投入是改善农村人居生态基础设施的关键。国家财政要列出专项资金，用于农村人居生态基础设施建设。同时，按照国家支持、省市县分别配套，村按一定比例出资的办法筹措资金。政府要合理调整国民收入分配格局和财政支出格局，反哺农村，将环境卫生整治经费纳入财政年度预算，并逐年增加对农村人居生态基础设施建设的投入，逐步形成政府主导、部门支持、社会筹集的多元投入格局。同时，可引入市场机制，积极吸引和鼓励包括民间资本在内的各类社会资金参与农村人居生态基础设施建设。建立"财政补一点、村集体经济挤一点、受益群众出一点、社会各界捐一点、政府优惠省一点"的资金筹措机制。农村人居生态卫生基础设施建设专项资金及多渠道筹集到的资金，必须建立专账，专款专用，对农村人居生态基础设施建设资金的使用要公开、透明，接受人民群众的监督。

6.3.6 科学制定规划

农村人居生态基础设施建设是一项系统工程，涉及环境整治、生活方式转变等方面，这些方面相互联系、相互作用，任何一项内容的缺失，都会影响和阻碍改善农村人居生态基础设施这项工作的整体推进，因此，必须坚持规划先行，在对农村生态环境进行详细调查、摸清底数的基础上，编制好农村人居生态基础设施建设规划，为整体工作的有序推进提供遵循和依据。农村人居生态基础设施规划应以环境为本，经济为用，生态为纲，文化为常，标本兼顾，形神相通。要坚持系统观点和战略思维，与村庄布局和建设规划紧密结合，统筹推进实施。坚持以点带面，在积累经验和示范推广的基础上逐步铺开推进。今后有关农村人居生态基础设施规划方面的研究和发展将主要集中在继续完善系统性的理论和方法论上的探讨，以及一些重点区域的典型研究和应用实践。

6.4 本 章 小 结

1）研究了利益相关者理论在农村人居生态基础设施建设中利益主体的识别方面的应用。

2）从博弈论的视角具体分析了农村人居生态基础设施建设中农民、企业和政府的多重利益关系。

3）综合考虑海拔、气温、人均水资源量、人均纯收入四个指标将北方农村分为六个大区，并结合区域特点，提出六个区域在生活污水、生活垃圾、生态厕所、秸秆综合利用方面可以选择的关键技术及发展方向。

4）提出构建多元主体参与建设的管理模式，创新集成农村生态环境保护工程技术，孵化、培育农村生态服务管理产业，落实技术规范及标准等农村人居生态基础设施建设长效运行机制。

| 第 7 章 | 结 论 与 展 望

7.1 研 究 结 论

1）农村人居生态系统是一类由自然环境、废弃物代谢、居住环境、景观和文化组成的社会-经济-自然复合生态系统。

2）我国农村人居环境存在东高西低、南高北低的分异规律，北方地区农村除京津地区外，多数省份低于全国平均水平。此外，农村人居生态环境问题生态学根源辨识体现在"流"过程、"网"结构和"序"功能失调三方面。

3）农村人居生态基础设施关键技术选择受农村社会、经济和自然等条件的综合影响，在 Yahhp7.0 软件辅助下利用层次分析法计算生活污水和垃圾处理关键技术的权重系数。研究结果显示，生物接触氧化+潜流人工湿地组合处理技术，比较适合水峪嘴村污水处理水质要求高的特点；郝堂村可以优先考虑稳定塘，使生活污水处理与生态修复、堤岸绿化、景观用水等有机结合；苇子沟村因土地资源丰富、人口分散等特点，则需优先考虑土地渗滤技术。垃圾处理技术筛选结果显示，水峪嘴村适合垃圾堆肥技术，郝堂村和苇子沟村则适合卫生填埋技术。

4）本研究围绕案例村筛选出的各项技术，做进一步的技术集成、结构设计的实证研究。首先，针对郝堂村现有"户投放、村收集、镇转运、县处理"生活垃圾集中处理模式所存在的问题，本研究提出了分类收集的改进方案，发现改进后的垃圾处理方案可产生 18 425.68 元的经济效益。其次，利用投入产出-生命周期评价法和经济净现值法对水峪嘴村五种厕所技术从经济和环境上比较，研究表明，相比于传统的水冲厕所，粪尿分离式水冲厕所的经济效益最高，尿分离-自来水冲厕所的能源消耗和温室气体排放最少；未来若抬高水价或是政府补贴，尿分离-雨水冲厕也有作为替代方案的可能。最后，本研究利用能值指标分析了秸秆颗粒替代煤和秸秆直燃技术上的潜力，结果显示，秸秆成型颗粒的能值转化率高于煤炭和秸秆，其可持续发展指数为 12.11，远高于煤炭和秸秆。

5）本研究应用物质流分析法研究水峪嘴村级单元生态人居基础设施集成系统对氮磷物质归趋的影响，研究发现，村庄向大气排放的氮减少了 83.5%，向水体和土壤环境排放的氮消减了 68.13%，磷消减了 56.61%；并且集成系统全年可以降低用于化肥和水费支出的经济投入 6.63 万元，经济效益明显。此外，城市与农村人居生态基础设施集成系统可以重构城乡物质"断环"，以达到城乡互补与有效融合，从而从根本上解决城市与农村的人居生态环境问题。

6）本研究基于利益相关者理论，识别出村民、承包企业和乡政府是农村人居生态基础设施建设的关键利益相关者，并从博弈论的视角分析甲、乙村民环保行为、政府监管与村民环保行为、政府优惠政策与企业参与投资之间的策略选择关系。

7）考虑到各省区间的差异，本研究选择海拔、气温、人均水资源量、人均纯收入四个指标来对北方农村进行分区，将北方农村分为六个区，提出了不同类型农村人居生态基础设施建设关键技术选择方案和未来发展方向。

8）本研究最后提出了构建多元主体参与建设的管理模式，孵化、培育农村生态服务管理产业，落实技术规范及标准等农村人居生态基础设施建设长效运行机制。

7.2　研　究　展　望

本研究建立了农村人居生态基础设施系统的辨识、技术筛选、结构设计、系统整合和综合评价的系统框架，选择北方具有经济条件和气候形成差异梯度的三个典型村落开展了相关实证研究，并在博弈分析的基础上，构建了政府、企业、农民、社会公众等多元主体参与农村生态基础设施管理的模式。本研究在农村生态环境建设与管理领域尚有以下方面值得进一步探索。

（1）建立分区发展技术导则与标准

我国区域分异性显著，地区特点不尽相同，这决定了我国不能在全国范围内推行单一的农村人居生态基础设施建设模式。本研究只是在一般区域特点的基础上，提出北方各分区污水、垃圾、厕所和秸秆等关键技术的选择方案，尚未考虑区域内部的差异。今后，应在不断提升改造传统配套技术的基础上，深入研究适合我国农村不同地区、不同类型、不同发展阶段的生态基础设施建设关键技术和管理模式，同时，加强与各类技术导则、规范和标准配套的科学技术支撑体系的研究。

（2）开发农村生态基础设施关键技术筛选的辅助决策系统

本研究中虽然建立了农村人居生态基础设施关键技术的筛选的理论框架，也针对各案例村开展了实证研究，但技术的选择依然停留在"自上而下"总体设计的层面，今后有待开发面向对象的辅助技术筛选决策系统。进一步完善各关键技术参数并将其转化为数据库，增加多种类型数据输入与储存，将定量参数数据与定性描述语句相结合，尤其是一些反映当地农民意愿的条件输入，充分发挥农民参与、自下而上进行农村生态基础设施建设的优势。

（3）农村生态基础设施建设对乡村生态系统服务功能和农民福祉的影响研究

以改善农村生态环境为目标的农村生态基础设施建设作为一项生态保育项目，对农民生产生活和农村生态系统带来直接或间接的影响。农村实施了如垃圾、污水、道路硬化、景观绿化等生态基础设施工程后，乡村生态系统服务的形成及波动与农户福祉之间互动格局的研究，并将生态系统服务评估结果应用于管理决策，可以作为本研究后续研究的突破点。

农村生态基础设施建设模式所涉及的学科多，内容也非常广泛，需要研究者有深厚的理论基础和丰富的实践经验。本研究侧重于农村环境卫生角度的研究，尚未涉及养殖污染物、农药、农膜等对象，还属于初步探讨研究阶段，在理论研究的深度上是有限的，很多方面限于个人能力和时间仅点到为止。这些有待于在今后的工作和学习中进一步深化研究，其中的许多想法更有待于在今后的研究与实践中进一步证实、发展和完善。希望以本研究抛砖引玉，与关注新农村建设的人士共同探讨，开创农村生态基础设施工程设计与管理模式的新领域。

参 考 文 献

毕于运. 2010. 秸秆资源评价与利用研究 [D]. 北京：中国农业科学院博士学位论文.

蔡传钰, 李波, 吕豪豪, 等. 2012. 垃圾填埋场氧化亚氮排放控制研究进展 [J]. 应用生态学报, 23 (5): 1415-1422.

章力建, 蔡典雄, 王小彬, 等. 2005. 农业立体污染中碳氮链研究 [J]. 中国农业科技导报, (1): 7-12.

仓恒瑾, 许炼峰, 李志安, 等. 2004. 农田氮流失与农业非点源污染 [J]. 热带地理, 24 (4): 332-336.

曹国良, 张小曳, 王亚强, 等. 2007. 中国区域农田秸秆露天焚烧排放量的估算 [J]. 科学通报, 52 (15): 1826-1831.

陈丽丽, 赵同科, 张成军, 等. 2013. 不同因素对人工湿地基质脱氮除磷效果的影响 [J]. 环境工程学报, 7 (4): 1261-1266.

陈利顶, 马岩. 2007. 农户经营行为及其对生态环境的影响 [J]. 生态环境, (2): 691-697.

程龙, 董捷. 2013. 基于全排列多边形图示指标法的城乡建设用地增减挂钩适宜区评价 [J]. 农业现代化研究, 34 (4): 472-476.

崔胜先, 董仁杰. 2011. 农作物秸秆能源产品结构优化 [J]. 东北农业大学学报, 42 (11): 63-69.

段池清, 王嘉珺, 姬亚芹. 2010. 基于静态箱法的堆放奶牛粪便甲烷排放速率研究 [J]. 南开大学学报 (自然科学版), 43 (1): 87-92.

封丹. 2009. 土地渗滤系统去除生活污水总氮的研究 [D]. 赣州：江西理工大学硕士学位论文.

冯淑怡, 曲福田, 周曙东, 等. 2014. 农村发展中环境管理研究 [M]. 北京：科学出版社.

富兰克林·H. 金. 2011. 四千年农夫：中国、朝鲜和日本的永续农业 [M]. 程存旺, 石嫣译. 北京：东方出版社.

高和平, 靳晓雯. 2012. 土地利用总体规划修编的困境分析——基于利益相关者分析 [J]. 内蒙古师范大学学报 (哲学社会科学版), 41 (1): 93-97.

高良敏, 陆根法, 刘丽莉, 等. 2005. 太湖流域农村厕所调查与面源污染控制——以宜兴市大浦镇为例 [J]. 生态经济, (7): 106-108.

郜彗, 王如松, 周传斌, 等. 2014. 生态卫生系统研究进展 [J]. 生态学杂志, 33 (3): 791-798.

龚艳冰, 张继国, 梁雪春. 2011. 基于全排列多边形综合图示法的水质评价 [J]. 中国人口·资源与环境, 21 (9): 26-31.

顾卫兵, 乔启成, 花海蓉, 等. 2008. 基于南通市农村生活垃圾处理模式的分类收集效益分析[J].
安徽农业科学, 36 (36): 16112-16114.

郭昌梓, 程飞, 孙根行. 2011. 溶解氧对氧化沟生物脱氮除磷的影响 [J]. 环境工程, 29 (5):
28-31.

郭飞宏, 方彩霞, 罗兴章, 等. 2010. 多级蚯蚓生态滤池处理生活污水研究 [J]. 环境化学,
29 (6): 1096-1100.

郭瑞萍, 苟娟娟. 2009. PPP 模式在我国西部农村基础设施供给中的运用与完善 [J]. 西安石油
大学学报 (社会科学版), 18 (4): 19-23.

国家统计局农村社会经济调查司. 2014. 中国农村统计年鉴 2013 [M]. 北京: 中国统计出版社.

郝晓地, 宋虹苇. 2005. 生态卫生——可持续、分散式污水处理新概念 [J]. 给水排水, 31 (6):
42-45.

何江涛, 钟佐燊, 汤鸣皋, 等. 2001. 污水土地处理技术与污水资源化 [J]. 地学前缘, 8 (1):
155-162.

何小莲, 李俊峰, 何新林, 等. 2007. 稳定塘污水处理技术的研究进展 [J]. 水资源与水工程学
报, 18 (5): 75-77, 83.

胡伟, 冯长春, 陈春. 2006. 农村人居环境优化系统研究 [J]. 城市发展研究, 13 (6): 11-17.

胡艳霞, 周连第, 李红, 等. 2009. 北京郊区生物质两种气站净产能评估与分析 [J]. 农业工程
学报, 25 (8): 200-203.

华启和, 高金龙. 2007. 试论农村生态环境的现状及其治理路径——以江西省抚州市为个案[J].
学术交流, (6): 100-103.

黄和平, 毕军, 张炳, 等. 2007. 物质流分析研究述评 [J]. 生态学报, 27 (1): 368-379.

黄鸿翔, 李书田, 李向林, 等. 2006. 我国有机肥的现状与发展前景分析 [J]. 土壤肥料, (1):
3-8.

黄季焜, 刘莹. 2010. 农村环境污染情况及影响因素分析——来自全国百村的实证分析 [J]. 管
理学报, 7 (11): 1725-1729.

黄沈发, 陆贻通, 沈根祥, 等. 2005. 上海郊区旱作农田氮素流失研究 [J]. 农村生态环境,
21 (2): 50-53.

黄武, 陈明晖, 赵光桦, 等. 2008. 无动力、地埋分散式厌氧系统处理农村生活污水 [J]. 中国
给水排水, 24 (20): 43-45.

黄益宗, 冯宗炜, 张福珠. 2000. 农田氮损失及其阻控对策研究 [J]. 中国科学院研究生院学报,
(2): 49-58.

黄颖, 计军平, 马晓明. 2012. 基于 EIO-LCA 模型的纯电动轿车温室气体减排分析 [J]. 中国
环境科学, 32 (5): 947-953.

计军平, 刘磊, 马晓明. 2011. 基于 EIO-LCA 模型的中国部门温室气体排放结构研究 [J]. 北

京大学学报（自然科学版），47（4）：741-749.

江波涛，罗新义，郭春晖. 2007. 畜禽粪便资源化处理技术 [J]. 中国畜禽种业，（11）：91-93.

姜百臣，李周. 1994. 农村工业化的环境影响与对策研究 [J]. 管理世界，（5）：192-197.

孔凡真. 2005. 秸秆饲料的加工及应用 [J]. 当代畜禽养殖业，（3）：40-41.

蓝盛芳，钦佩，陆宏芳. 2002. 生态经济系统能值分析 [M]. 北京：化学工业出版社.

黎赔肆，周寅康，彭补拙. 2000. 城市土地资源市场配置的缺陷与税收调节 [J]. 中国土地科学，
　　（5）：21-24.

李伯华，曾菊新，胡娟. 2008. 乡村人居环境研究进展与展望 [J]. 地理与地理信息科学，
　　24（5）：70-74.

李国柱，安红梅，吕南诺，等. 2013. 吉林省农村生活能源消费结构分析 [J]. 湖北农业科学，
　　52（5）：1164-1167.

李季，彭生平. 2011. 堆肥工程实用手册 [M]. 北京：化学工业出版社.

李健娜，黄云，严力蛟. 2006. 乡村人居环境评价研究 [J]. 中国生态农业学报，（3）：192-195.

李锦顺. 2005. 城乡社会断裂和农村生态环境问题研究 [J]. 生态经济，（2）：28-32，35.

李鹏，孙可伟，柴希娟. 2006. 秸秆的综合利用 [J]. 中国资源综合利用，24（1）：23-27.

李欠欠，汤利. 2010. 大气氮沉降的研究进展 [J]. 云南农业大学学报（自然科学版），25（6）：
　　889-894，902.

李文华，王如松. 2001. 中国生态卫生的系统关联 [R]. 南宁：首届国际生态卫生科学大会.

李小环，计军平，马晓明，等. 2011. 基于 EIO-LCA 的燃料乙醇生命周期温室气体排放研究 [J].
　　北京大学学报 （自然科学版），47（6）：1081-1088.

李志博，王起超，陈静. 2002. 农业生态系统的氮素循环研究进展 [J]. 土壤与环境，11（4）：
　　417-421.

李子夫，金璠. 2001. 生活污水的分类收集与处理系统 [J]. 中国给水排水，17（1）：64-65.

连小莹，金秋，李先宁，等. 2011. 氮形态对人工湿地氮去除效果的影响 [J]. 环境科技，
　　24（1）：26-28.

刘建昌，陈伟琪，张珞平，等. 2005. 构建流域农业非点源污染控制的环境经济手段研究——以
　　福建省九龙江流域为例 [J]. 中国生态农业学报，13（3）：186-190.

刘婧，黎忠，张太平，等. 2010. 生物接触氧化/人工湿地组合工艺处理农村生活污水 [J]. 安
　　徽农业科学，38（17）：9163-9164.

刘强，王学江，陈玲. 2008. 中国村镇水环境治理研究现状探讨 [J]. 中国发展，8（2）：15-18.

刘钦普，林振山，冯年华. 2005. 江苏城市人居环境空间差异定量评价研究 [J]. 地域研究与开
　　发，24（5）：30-33.

刘永德，何品晶，邵立明，等. 2005. 太湖地区农村生活垃圾管理模式与处理技术方式探讨 [J].
　　农业环境科学学报，24（6）：1221-1225.

陆仁书，花军，濮安彬，等.1999.论发展麦秸人造板的生态效应［J］.世界林业研究，12（6）：
　28-31.

罗玉，丁力行.2009.基于能值理论的生物质发电系统评价［J］.中国电机工程学报，29（32）：
　112-117.

骆世明.1987.农业生态学［M］.长沙：湖南科学技术出版社.

马军伟，孙万春，俞巧钢，等.2012.山区农村生活垃圾成分特征及农用风险［J］.浙江大学学
　报（农业与生命科学版），38（2）：220-228.

马世竣，王如松.1984.社会-经济-自然复合生态系统［J］.生态学报，4（1）：1-9.

马中，蓝虹.2004.建立环境财政是我国发展市场经济的必然选择［J］.环境保护，（11）：44-47.

毛世峰，高雪杉，张勇.2014.东北寒冷地区农村污水特征及处理技术［J］.现代农业科技，（23）：
　236-237.

孟广文，尤阿辛，福格特.2005.作为生态和环境保护手段的空间规划：联邦德国的经验及对中
　国的启示［J］.地理科学进展，（6）：21-30.

聂曦，张琦，姚群.2004.层次分析法在生活垃圾处置方案优选中的应用［J］.工业安全与环保，
　（12）：18-20，17.

聂有亮，崔有龙，王佑汉.2013.基于 Yaahp 软件的 AHP 法区域农用地整理潜力评价研究——
　以四川省南充市嘉陵区为例［J］.西华师范大学学报（自然科学版），34（2）：184-189.

彭靖茹，甘志勇.2009.微波消解 ICP-OES 法同时测定土壤中全磷和全钾［J］.中国土壤与肥
　料，（3）：79-81.

彭震伟，陆嘉.2009.基于城乡统筹的农村人居环境发展［J］.城市规划，33（5）：66-68.

钱晓雍，沈根祥，黄丽华，等.2009.畜禽粪便堆肥腐熟度评价指标体系研究［J］.农业环境科
　学学报，28（3）：549-554.

乔启成，顾卫兵，顾晓丽，等.2009.分类收集效益模型在农村生活垃圾处理处置中的应用［J］.
　环境污染与防治，31（5）：101-103.

区晶莹，林泳雄，俞守华.2013.广东小型农田水利利益相关者博弈均衡分析［J］.北京农业，
　（15）：265-267.

饶清华，邱宇，王菲凤，等.2011.福建省山仔水库生态安全评价［J］.水土保持研究，18（5）：
　221-225.

任仲杰，顾孟迪.2005.我国农作物秸秆综合利用与循环经济［J］.安徽农业科学，33（11）：
　2105-2106.

上海市环境工程设计科学研究院.2001.生活垃圾处理技术调查分析［M］.北京：中国建筑工
　业出版社.

邵立明，何品晶，刘永德.2007.农村生活垃圾源头分流收集效果影响因素分析［J］.农业环境
　科学学报，26（1）：326-329.

沈满洪.2001. 环境经济手段研究［M］. 北京：中国环境科学出版社.

苏杨,马宙宙.2006. 我国农村现代化进程中的环境污染问题及对策研究［J］. 中国人口·资源与环境,16（2）：12-18.

田瑞华.2010. 农村基础设施项目决策博弈模型框架［J］. 求索,（11）：71-73.

万洪富.2005. 我国区域农业环境问题及其综合治理［M］. 北京：中国环境科学出版社.

王红燕,李杰,王亚娥,等.2009. 化粪池污水处理能力研究及其评价［J］. 兰州交通大学学报,28（1）：118-120,124.

王金南,万军,张惠远.2006a. 关于我国生态补偿机制与政策的几点认识［J］. 环境保护,（19）：24-28.

王金南,葛察忠,高树婷,等.2006b. 打造中国绿色税收——中国环境税收政策框架设计与实施战略［J］. 环境经济,（9）：10-20.

王俊起,孙凤英,王友斌,等.2001. 粪尿分集式生态卫生厕所的应用与推广［J］. 卫生研究,30（5）：282-283.

王如松,徐洪喜.2005. 扬州生态市建设规划方法研究［M］. 北京：中国科学技术出版社.

王如松.2001. 系统化、自然化、经济化、人性化——城市人居环境规划方法的生态转型［J］. 城市环境与城市生态,（3）：1-5.

王如松.2003. 资源、环境与产业转型的复合生态管理［J］. 系统工程理论与实践,23（2）：125-132,138.

王书玉,卞新民.2007. 江苏省阜宁县生态经济系统综合评价［J］. 生态学杂志,26（2）：239-244.

王晓燕,阎恩松,欧洋.2009. 基于物质流分析的密云水库上游流域磷循环特征［J］. 环境科学学报,29（7）：1549-1560.

王毅勇,杨青,王瑞山.1999. 三江平原大豆田氮循环模拟研究［J］. 地理科学,19（6）：555-558.

韦连喜,何艳,李朝晖.2004. 分光光度法测COD的应用研究［J］. 环境科学与技术,27（5）：33-34,116.

韦茂贵,王晓玉,谢光辉.2012. 中国各省大田作物田间秸秆资源量及其时间分布［J］. 中国农业大学学报,17（6）：32-44.

卫亚红,梁军锋,黄懿梅,等.2007. 家畜粪便好氧堆肥中主要微生物类群分析［J］. 中国农学通报,23（11）：242-248.

魏晋,李娟,冉瑞平,等.2010. 中国农村环境污染防治研究综述［J］. 生态环境学报,19（9）：2253-2259.

闻大中.1986. 我国东北地区农业生态系统的力能学研究:松嫩平原一个典型农业生态系统的能流分析［J］. 生态学杂志,5（4）：1-5.

吴良镛.2001. 人居环境科学导论［M］. 北京：中国建筑工业出版社.

吴琼,王如松,李宏卿,等.2005. 生态城市指标体系与评价方法［J］. 生态学报,25（8）：

2090-2095.

吴树彪, 胡静, 崔旭, 等. 2009. 家庭人工湿地组合系统处理农村生活污水的试验研究 [J]. 水处理技术, 35 (3): 94-98.

吴文学, 郝阳, 张利伟, 等. 2006. 中国农村小型分散式污水处理系统研究 [J]. 中国科技信息, (19): 56-57.

吴修文, 魏奎, 沙莎, 等. 2011. 国内外餐厨垃圾处理现状及发展趋势 [J]. 农业装备与车辆工程, (12): 49-52, 62.

夏立忠, 杨林章. 2003. 太湖流域非点源污染研究与控制 [J]. 长江流域资源与环境, 12 (1): 45-49.

向平安, 周燕, 黄璜, 等. 2007. 氮肥面源污染控制的绿税激励措施探讨——以洞庭湖区为例[J]. 中国农业科学, 40 (2): 330-337.

谢军飞, 李玉娥. 2003. 不同堆肥处理猪粪温室气体排放与影响因子初步研究 [J]. 农业环境科学学报, 22 (1): 56-59.

谢燕华, 董仁杰, 王永霖. 2005. 厌氧净化沼气池处理小城镇生活污水调查研究 [J]. 可再生能源, (4): 71-74.

阎恩松. 2008. 基于物质流分析的密云水库上游流域磷循环研究 [D]. 北京: 首都师范大学硕士学位论文.

杨帆, 王坤鹏. 2014. 我国农村污染现状的探讨 [J]. 中国科技博览, (12): 126-126.

杨凌波, 曾思育, 鞠宇平, 等. 2008. 我国城市污水处理厂能耗规律的统计分析与定量识别 [J]. 给水排水, (10): 42-45.

杨小俊, 贾海涛, 蔡亚君, 等. 2011. 一体化膜生物膜反应器处理农村生活污水试验研究[J]. 湖北农业科学, 50 (1): 44-48.

杨兴宪, 刘毅, 牛树海, 等. 2006. 我国区域发展中的生态环境特征分析 [J]. 长江流域资源与环境, 15 (2): 264-268.

杨莹. 2007. 发酵剂作用下粪肥腐解过程物质组成的动态变化研究 [D]. 杨凌: 西北农林科技大学硕士学位论文.

杨月欣, 王光正, 潘兴昌. 2002. 中国食物成分表 [M]. 北京: 北京大学医学出版社.

杨正勇. 2004. 论渔业内源性污染的非点源性及其治理的环境经济政策 [J]. 生产力研究, (9): 28-30.

叶明武, 陈振楼, 王军, 等. 2007. 情景分析在区域生态环境安全预警研究中的应用——以上海崇明岛主要城镇为例 [J]. 资源环境与发展, (4): 8-12.

俞孔坚, 韩西丽, 朱强. 2007. 解决城市生态环境问题的生态基础设施途径[J]. 自然资源学报, 22 (5): 808-816, 855-858.

俞孔坚, 李迪华. 2007. 城市生态基础设施建设的十大景观战略 [J]. 上海城市管理职业技术学院学报，（6）：12-17.

雨诺·温布拉特.2006. 生态卫生——原则、方法和应用［M］. 北京：中国建筑工业出版社.

袁英兰，常文越，张帆，等.2012. 低成本资源化的北方农村生活污水集中处理方式应用研究［R］.
　南宁：2012 中国环境科学学会学术年会.

曾鸣，谢淑娟.2007. 中国农村环境问题研究——制度透析与路径选择［M］. 北京：经济管理
　出版社.

张帆.1998. 环境与自然资源经济学［M］. 上海：上海人民出版社.

张雷，李娜娜，赵会茹，等.2014. 基于全排列多边形图示指标法的火电企业节能减排绩效综合
　评价［J］. 中国电力，47（6）：145-150.

张铁坚，张小燕，李炜，等.2015. 基于 AHP 的河北平原地区农村生活污水处理技术筛选［J］.
　浙江农业学报，27（6）：1037-1041.

张威，刘宁，吕慧捷，等.2009. TruSpec CN 元素分析仪测定土壤中碳氮方法研究［J］. 分析仪
　器，（3）：46-49.

张维迎.2004. 博弈论与信息经济学［M］. 上海：上海人民出版社.

张欣，王绪龙，张巨勇，等.2005. 农户行为对农业生态的负面影响与优化对策［J］. 农村经济，
　（11）：97-100.

张燕.2009. 中国秸秆资源 "5F" 利用方式的效益对比探析［J］. 中国农学通报，25（23）：45-51.

张玉军，侯根然.2007. 浅析我国的区域环境管理体制［J］. 环境保护，（9）：44-48.

赵海霞，朱德明，曲福田，等.2007. 我国环境管理的理论命题与机制转变［J］. 南京农业大学
　学报（社会科学版），7（3）：27-32.

赵景柱，罗祺姗，严岩，等.2006. 完善我国生态补偿机制的思考［J］. 宏观经济管理，（8）：
　53-54.

郑彦强，卢会霞，许伟，等.2010. 地下渗滤系统处理农村生活污水的研究［J］. 环境工程学报，
　4（10）：2235-2238.

中国可再生能源协会.2014. 中国新能源与可再生能源年鉴 2013［M］. 北京：北京图书馆出版社.
农业部规划组.2006. 社会主义新农村建设示范村规划汇编［M］. 北京：中国农业出版社.
中华人民共和国国家统计局.2014. 中国统计年鉴 2013［M］. 北京：中国统计出版社.
中华人民共和国环境保护部.2012. 水质总氮的测定-碱性过硫酸钾消解紫外分光光度法［M］.
　北京：中国环境科学出版社.
中华人民共和国环境保护部.2013. 水质磷酸盐和总磷的测定连续流动-钼酸铵分光光度法［M］.
　北京：中国环境科学出版社.
中华人民共和国教育部发展规划司.2014. 中国教育统计年鉴 2013［M］. 北京：人民教育出版社.
中华人民共和国卫生部.2014. 中国卫生统计年鉴 2013［M］. 北京：中国协和医科大学出版社.
中华人民共和国住房和城乡建设部.2014. 中国城乡建设统计年鉴 2013［M］. 北京：中国计划

出版社.

周传斌，王如松，阳文锐，等.2008. 生态卫生适应性优化技术及其复合生态效益［J］. 应用生态学报，19（2）：387-393.

周定国，张洋.2007. 我国农作物秸秆材料产业的形成与发展［J］. 木材工业，（1）：5-8.

周侃，蔺雪芹.2011. 新农村建设以来京郊农村人居环境特征与影响因素分析［J］. 人文地理，26（3）：76-82.

周立华，杨国靖，张明军，等.2002. 农户经营行为与生态环境的研究［J］. 生态经济，（9）：29-31.

周律，李健.2009. 生态卫生系统在中国北方城镇的费用效益分析：案例研究［J］. 清华大学学报（自然科学版），49（3）：364-367.

周伟，曹银贵，乔陆印.2012. 基于全排列多边形图示指标法的西宁市土地集约利用评价［J］. 中国土地科学，26（4）：84-90.

周西华，傅传洋，王志强，等.2010. 基于层次分析法的我国煤矿安全监察体系探析［J］. 世界科技研究与发展，32（6）：815-817，797.

朱立安，王继增，胡耀国，等.2005. 畜禽养殖非点源污染及其生态控制［J］. 水土保持通报，25（2）：40-43.

Saaty T L. 1998. 层次分析法［M］. 许树柏译. 北京：煤炭工业出版社.

Abler D G，Shortle J S. 1995. Technology as an agricultural pollution control policy［J］. American Journal of Agricultural Economics，77（1）：20-32.

Alauddin M. 2004. Environmentalizing economic development: a South Asian perspective［J］. Ecological Economics，51（3）：251-270.

Arnold J G，Allen P M，Bernhardt G. 1993. A comprehensive surface-groundwater flow model［J］. Journal of Hydrology，142（1-4）：47-69.

Aynehband A，Tehrani M，Nabati D A. 2010. Effects of residue management and N-splitting methods on yield and biological and chemical characters of canola ecosystem［J］. Journal of Food Agriculture and Environment，8：317-324.

Bán Z，Dave G. 2004. Laboratory Studies on Recovery of N and P from Human Urine through Struvite Crystallisation and Zeolite Adsorption［J］. Environmental technology，25（1）：111-122.

Baral A，Bakshi B R. 2010. Emergy analysis using US economic input-output models with applications to life cycles of gasolineandcorn ethanol［J］. Ecological Modelling，221（15）：1807-1818.

Beare M H，Wilson P E，Fraser P M，et al. 2002. Management Effects on Barley Straw Decomposition，Nitrogen Release，and Crop Production［J］. Soil Science Society of America Journal，66（3）：848-856.

Belli P. 2001. Economic Analysis of Investment Operations: Analytical Tools and practical Applications[M]. World Bank Publications.

Berndtsson J C. 2006. Experiences from the implementation of a urine separation system: goals, planning, reality [J]. Building and Environment, 41 (4): 427-437.

Binder C R. 2007. From material flow analysis to material flow management part I: social sciences modeling approaches coupled to MFA [J]. Journal of Cleaner Production, 15 (17): 1596-1604.

Bouraoui F, Dillaha T A. 2014. ANSWERS-2000: Runoff and sediment transport model [J]. Journal of Environmental Engineering, 122 (6): 493-502.

Brealey R A, Myers S C. 2014. Principles of corporate finance [J]. The Journal of Finance, 31: 122-124.

Brown M, Arding J. 1991. Tranformities Working Paper. Gainesville, FL [R]. Center for wetlands, Environmental Engineering Sciences, University of Florida.

Brown M T, Ulgiati S. 2002. Emergy evaluations and environmental loading of electricity production systems [J]. Journal of Cleaner Production, 10 (4): 321-334.

Brunner P H, Rechberger H. 2004. Practical handbook of material flow analysis [J]. International Journal of Life Cycle Assessment, 9: 337-338.

Cavalett O, de Queiroz J, Ortega E. 2006. Emergy assessment of integrated production systems of grains, pig and fish in small farms in the South Brazil[J]. Ecological Modelling, 193(3): 205-224.

Chen G Q, Chen Z M. 2010. Carbon emissionsandresources use by Chinese economy 2007: a 135-sector inventoryandinput-output embodiment [J]. Communications in Nonlinear Science and Numerical Simulation, 15 (11): 3647-3732.

Chen M, Chen J, Sun F. 2008. Agricultural phosphorus flowandits environmental impacts in China [J]. Science of the Total Environment, 405 (1): 140-152.

Corwin D L, Logue K. 2005. Modeling Non-Point Source Pollutants in the Vadose Zone Using GIS [J]. Water Encyclopedia.

Dong X, Ulgiati S, Yan M, et al. 2008. Energy and eMergy evaluation of bioethanol production from wheat in Henan Province, China [J]. Energy Policy, 36 (10): 3882-3892.

Donigian A S, Huber W C. 1991. Modeling of nonpoint-source water quality in urban and non-urban areas [J]. Environmental Research Laboratory, 187: 27-28.

Gajurel D R, Li Z, Otterpohl R. 2003. Investigation of the effectiveness of source control sanitation concepts including pre-treatment with Rottebehaelter [J]. Water Science and Technology, 48 (1): 111-118.

Ghisi E, Bressan D L, Martini M. 2006. 2007. Rainwater tank capacity and potential for potable water savings by using rainwater in the residential sector of Brazil [J]. Building and Environment,

42（4）：1654-1666.

Gross A，Shmueli O，Ronen Z，et al. 2007. Recycled vertical flow constructed wetland （RVFCW） —a novel method of recycling greywater for irrigation in small communities and households［J］. Chemosphere，66（5）：916-923.

Hendrickson C T，Horvath A，Joshi S，et al. 1997. Comparing two life cycle assessment approaches： a process model vs. economic input-output-based assessment［R］. San Francisco：1997 IEEE International Symposium on Electronics and the Environment.

Henriques J J，Louis G E. 2011. A decision model for selecting sustainable drinking water supply and grey water reuse systems for developing communities with a case study in Cimahi，Indonesia［J］. Journal of Environmental Management，92（1）：214-222.

Höglund C，Stenström T A，Ashbolt N. 2002. Microbial risk assessment of source-separated urine used in agriculture［J］. Waste Management and Research，20（2）：150-161.

Huang S L，Chen C W. 2005. Theory of urban energetics and mechanisms of urban development［J］. Ecological Modelling，189（1）：49-71.

Iii A M F. 1984. Depletable externalitiesandpigouvian taxation［J］. Journal of Environmental Economics and Management，11（2）：173-179.

Ikematsu M，Kaneda K，Iseki M，et al. 2007. Electrochemical treatment of human urine for its storageandreuse as flush water［J］. Science of the Total Environment，382（1）：159-164.

Joshi S. 1999. Product environmental life-cycle assessment using input-output techniques［J］. Journal of Industrial Ecology，3（2-3）：95-120.

Junnila S I. 2006. Empirical comparison of processandeconomic input-output life cycle assessment in service industries［J］. Environmental Science and Technology，40（22）：7070-7076.

Katukiza A Y，Ronteltap M，Niwagaba C B，et al. 2012. Sustainable sanitation technology options for urban slums［J］. Biotechnology Advances，30（5）：964-978.

Kestemont B，Kerkhove M. 2010. Material flow accounting of an Indian village［J］. Biomass and Bioenergy，34（8）：1175-1182.

Kirk S J，Dell'Isola A J. 1995. Life Cycle Costing for Design Professionals［M］. New York：McGraw Hill.

Latacz-Lohmann U，Hodge I. 2003. European agri-environmental policy for the 21st century［J］. Australian Journal of Agricultural and Resource Economics，47（1）：123-139.

Li Q，Chen Y，Liu M，et al. 2008. Effects of irrigation and straw mulching on microclimate characteristics and water use efficiency of winter wheat in North Chinas［J］. Plant Production Science，11（2）：161-170.

Liu X，Ju X，Zhang Y，et al. 2006. Nitrogen deposition in agroecosystems in the Beijing area［J］.

Agriculture Ecosystems and Environment, 113 (1): 370-377.

Loftas T, Ross J. 1995. Dimensions of Need: An Atlas of Food and Agriculture [R]. Rome, Italy: Food and Agriculture Organization of the United Nations.

Ma J, Ma E, Xu H, et al. 2009. Wheat straw management affects CH_4 and N_2O emissions from rice fields [J]. Soil Biology and Biochemistry, 41 (5): 1022-1028.

Magid J, Eilersen A M, Wrisberg S, et al. 2006. Possibilities and barriers for recirculation of nutrients and organic matter from urban to rural areas: a technical theoretical framework applied to the medium-sized town Hillerød, Denmark [J]. Ecological Engineering, 28 (1): 44-54.

Matthews H S, Small M J. 2000. Extending the boundaries of life-cycle assessment through environmental economic input-output models [J]. Journal of Industrial Ecology, 4 (3): 7-10.

Meijl H V, Rheenen T V, Tabeau A, et al. 2006. The impact of different policy environments on agricultural land use in Europe [J]. Agriculture Ecosystems and Environment, 114 (1): 21-38.

Merz C, Scheumann R, Hamouri B E, et al. 2007. Membrane bioreactor technology for the treatment of greywater from a sports and leisure club [J]. Desalination, 215 (1): 37-43.

Montangero A, Belevi H. 2007. Assessing nutrient flows in septic tanks by eliciting expert judgement: a promising method in the context of developing countries [J]. Water research, 41 (5): 1052-1064.

Montangero A, Le C, Nguyen V A, et al. 2007. Optimising waterandphosphorus management in the urban environmental sanitation system of Hanoi, Vietnam [J]. Science of the Total Environment, 384 (1): 55-66.

Morgan P. 2007. Toilets that make compost: low-cost, sanitary toilets that produce valuable compost for crops in an African context [R]. Stockholm, Sweden: Stockholm Environment Institute.

Muga H, Mukherjee A, Mihelcic J. 2008. An integrated assessment of the sustainability of green and built-up roofs [J]. Journal of Green Building, 3 (2): 106-127.

Nakagawa N, Otaki M, Miura S, et al. 2006. Field survey of a sustainable sanitation system in a residential house [J]. Journal of Environmental Sciences, 18 (6): 1088-1093.

Narayana T. 2009. Municipal solid waste management in India: From waste disposal to recovery of resources? [J]. Waste Management, 29 (3): 1163-1166.

Niwagaba C, Nalubega M, Sundberg C, et al. 2009. Bench-scale composting of source-separated human faeces for sanitation [J]. Waste Management, 29 (2): 585-589.

Niwagaba C. 2007. Human Excreta Treatment Technologies-prerequisites, Constraints and Performance [M]. Kampala, Uganda: Department of Civil Engineering, Makerere University.

Odum H T. 1996. Emergy and environmental decision making [M]. New York: John Wiley & Sons.

Osborn D, Datta A. 2006. Institutional and policy cocktails for protecting coastal and marine environments from land-based sources of pollution [J] . Ocean and Coastal Management，49（9）：576-596.

Ostrom E. 2009. A general framework for analyzing sustainability of social-ecological systems [J] . Science，325（5959）：419-422.

Otterpohl R. 2000. Design of highly efficient source control sanitation and practical experiences [J] . Water Intelligence Online，（4）：18-22.

Parker D. 2000. Controlling agricultural nonpoint water pollution：costs of implementing the Maryland Water Quality Improvement Act of 1998 [J] . Agricultural Economics，24（1）：23-31.

Remy C，Jekel M. 2008. Sustainable wastewater management：life cycle assessment of conventional and source-separating urban sanitation systems [J] . Water Science and Technology，58（8）：1555-1562.

Remy C，Ruhland I A. 2006. Ecological assessment of alternative sanitation concepts with Life Cycle Assessment [R] . Berlin，Germany：Technical University Berlin.

Schouten M A C，Mathenge R W. 2010. Communal sanitation alternatives for slums：a case study of Kibera，Kenya [J] . Physics and Chemistry of the Earth，35（13）：815-822.

Udert K M，Fux C，Münster M，et al. 2003. Nitrification and autotrophic denitrification of source-separated urine [J] . Water Science and Technology，48（1）：119-130.

Vinneras B，Björklund A，Jönsson H. 2003. Thermal composting of faecal matter as treatmentandpossible disinfection method—laboratory-scaleandpilot-scale studies [J] . Bioresource Technology，88（1）：47-54.

Wang M，Webber M，Finlayson B，et al. 2008. Rural industries and water pollution in China [J] . Journal of Environmental Management，86（4）：648-659.

Winker M，Vinneras B，Muskolus A，et al. 2009. Fertiliser products from new sanitation systems：their potential valuesandrisks [J] . Bioresource Technology，100（18）：4090-4096.

Wu J，Huang H B，Cao Q W. 2013. Research on AHP with interval-valued intuitionistic fuzzy setsandits application in multi-criteria decision making problems [J] . Applied Mathematical Modelling，37（24）：9898-9906.

Yang Z F，Jiang M M，Chen B，et al. 2010. Solar emergy evaluation for Chinese economy[J]. Energy Policy，38（2）：875-886.

Zhang F L. 2014. Research on rural pollution treatment technology [J] . Advanced Materials Research，971-973：2127-2130.

Zilberman D，Templeton S R，Khanna M. 1999. Agricultureandthe environment：an economic perspective with implications for nutrition1 [J] . Food Policy，24（2-3）：211-229.

附　　录

附表 1　中国 2007 年各部门单位产值温室气体和能耗排放强度

部门编号	部门	温室气体（GWP）	能源
		（t CO$_2$ e/t）	（J/万元）
1	农业	4.20	1.79×10^{10}
2	林业	3.14	7.58×10^{10}
3	畜牧业	3.43	9.04×10^{9}
4	渔业	1.27	1.04×10^{10}
5	农、林、牧、渔服务业	1.76	1.44×10^{10}
6	煤炭开采和洗选业	67.5	6.23×10^{11}
7	石油和天然气开采业	9.55	1.16×10^{11}
8	黑色金属矿采选业	4.67	4.75×10^{10}
9	有色金属矿采选业	3.89	3.92×10^{10}
10	非金属矿及其他矿采选业	3.48	4.04×10^{10}
11	谷物磨制业	3.39	1.80×10^{10}
12	饲料加工业	2.93	1.64×10^{10}
13	植物油加工业	3.24	1.76×10^{10}
14	制糖业	3.28	1.98×10^{10}
15	屠宰及肉类加工业	2.73	1.03×10^{10}
16	水产品加工业	1.42	1.18×10^{10}
17	其他食品加工业	3.15	1.81×10^{10}
18	方便食品制造业	3.20	2.28×10^{10}
19	液体乳及乳制品制造业	3.24	2.17×10^{10}
20	调味品、发酵制品制造业	3.48	2.61×10^{10}
21	其他食品制造业	3.08	2.27×10^{10}
22	酒精及酒的制造业	2.78	2.09×10^{10}
23	软饮料及精制茶加工业	3.01	2.46×10^{10}

续表

部门编号	部门	温室气体（GWP）	能源
		（t CO₂ e/t）	（J/万元）
24	烟草制品业	1.20	9.32×10^9
25	棉、化纤纺织及印染精加工业	3.76	3.22×10^{10}
26	毛纺织和染整精加工业	3.10	2.08×10^{10}
27	麻纺织、丝绢纺织及精加工业	3.42	2.63×10^{10}
28	纺织制成品制造业	3.09	2.70×10^{10}
29	针织品、编织品及其制品制造业	3.29	2.97×10^{10}
30	纺织服装、鞋、帽制造业	2.84	2.49×10^{10}
31	皮革、毛皮、羽毛（绒）及其制品业	2.60	1.96×10^{10}
32	木材加工及木、竹、藤、棕、草制品业	3.63	4.54×10^{10}
33	家具制造业	3.13	3.50×10^{10}
34	造纸及纸制品业	3.60	3.52×10^{10}
35	印刷业和记录媒介的复制业	2.73	2.71×10^{10}
36	文教体育用品制造业	3.38	3.41×10^{10}
37	石油及核燃料加工业	7.47	8.89×10^{10}
38	炼焦业	25.4	2.37×10^{11}
39	基础化学原料制造业	7.99	8.01×10^{10}
40	肥料制造业	9.33	9.16×10^{10}
41	农药制造业	5.01	5.05×10^{10}
42	涂料、油墨、颜料及类似产品制造业	5.37	5.41×10^{10}
43	合成材料制造业	5.95	6.39×10^{10}
44	专用化学产品制造业	6.46	6.46×10^{10}
45	日用化学产品制造业	3.29	3.20×10^{10}
46	医药制造业	2.78	2.32×10^{10}
47	化学纤维制造业	5.48	5.81×10^{10}
48	橡胶制品业	4.40	4.88×10^{10}
49	塑料制品业	4.42	4.57×10^{10}
50	水泥、石灰和石膏制造业	15.6	7.90×10^{10}
51	水泥及石膏制品制造业	8.53	6.24×10^{10}
52	砖瓦、石材及其他建筑材料制造业	90.2	8.12×10^{10}

部门编号	部门	温室气体（GWP）	能源
		（t CO_2 e/t）	（J/万元）
53	玻璃及玻璃制品制造业	7.07	6.90×10^{10}
54	陶瓷制品制造业	5.62	5.54×10^{10}
55	耐火材料制品制造业	5.97	5.65×10^{10}
56	石墨及其他非金属矿物制品制造业	8.16	6.32×10^{10}
57	炼铁业	11.8	9.42×10^{10}
58	炼钢业	8.37	7.08×10^{10}
59	钢压延加工业	6.94	6.42×10^{10}
60	铁合金冶炼业	5.68	5.43×10^{10}
61	有色金属冶炼及合金制造业	4.98	4.89×10^{10}
62	有色金属压延加工业	4.45	4.35×10^{10}
63	金属制品业	4.83	4.57×10^{10}
64	锅炉及原动机制造业	3.62	3.41×10^{10}
65	金属加工机械制造业	3.77	3.56×10^{10}
66	起重运输设备制造业	3.89	3.69×10^{10}
67	泵、阀门、压缩机及类似机械的制造业	4.11	3.90×10^{10}
68	其他通用设备制造业	4.09	3.92×10^{10}
69	矿山、冶金、建筑专用设备制造业	3.99	3.80×10^{10}
70	化工、木材、非金属加工专用设备制造业	4.02	3.82×10^{10}
71	农林牧渔专用机械制造业	3.61	3.46×10^{10}
72	其他专用设备制造业	3.79	3.62×10^{10}
73	铁路运输设备制造业	3.85	3.67×10^{10}
74	汽车制造业	3.26	3.15×10^{10}
75	船舶及浮动装置制造业	3.14	3.02×10^{10}
76	其他交通运输设备制造业	3.24	3.16×10^{10}
77	电机制造业	3.54	3.41×10^{10}
78	输配电及控制设备制造业	3.57	3.48×10^{10}
79	电线、电缆、光缆及电工器材制造业	3.84	3.79×10^{10}
80	家用电力和非电力器具制造业	3.36	3.31×10^{10}
81	其他电气机械及器材制造业	3.70	3.65×10^{10}

续表

部门编号	部门	温室气体（GWP） （t CO₂ e/t）	能源 （J/万元）
82	通信设备制造业	2.81	2.78×10^{10}
83	雷达及广播设备制造业	2.81	2.76×10^{10}
84	电子计算机制造业	2.72	2.70×10^{10}
85	电子元器件制造业	3.39	3.36×10^{10}
86	家用视听设备制造业	2.79	2.77×10^{10}
87	其他电子设备制造业	2.40	2.38×10^{10}
88	仪器仪表制造业	2.99	2.93×10^{10}
89	文化、办公用机械制造业	3.40	3.36×10^{10}
90	工艺品及其他制造业	3.55	3.19×10^{10}
91	废品废料	0.515	4.70×10^{9}
92	电力、热力的生产和供应业	12.6	1.27×10^{11}
93	燃气生产和供应业	10.5	1.12×10^{11}
94	水的生产和供应业	3.60	3.60×10^{10}
95	建筑业	4.88	4.17×10^{10}
96	铁路运输业	2.13	2.15×10^{10}
97	道路运输业	2.45	2.66×10^{10}
98	城市公共交通业	2.46	2.72×10^{10}
99	水上运输业	2.71	3.07×10^{10}
100	航空运输业	3.60	3.99×10^{10}
101	管道运输业	2.87	2.98×10^{10}
102	装卸搬运和其他运输服务业	2.75	3.04×10^{10}
103	仓储业	3.05	2.04×10^{10}
104	邮政业	1.73	1.76×10^{10}
105	电信和其他信息传输服务业	1.16	1.15×10^{10}
106	计算机服务业	1.58	1.56×10^{10}
107	软件业	1.36	1.36×10^{10}
108	批发零售业	1.09	1.09×10^{10}
109	住宿业	2.52	2.47×10^{10}
110	餐饮业	1.78	1.24×10^{10}

部门编号	部门	温室气体（GWP）	能源
		（t CO$_2$ e/t）	（J/万元）
111	银行业、证券业及其他金融活动	0.463	4.60×10^9
112	保险业	1.68	1.67×10^{10}
113	房地产开发经营业	0.53	5.23×10^9
114	租赁业	2.13	2.22×10^{10}
115	商务服务业	2.30	2.27×10^{10}
116	旅游业	1.67	1.66×10^{10}
117	研究与试验发展业	2.25	2.16×10^{10}
118	专业技术服务业	1.33	1.31×10^{10}
119	科技交流和推广服务业	1.53	1.51×10^{10}
120	地质勘查业	2.41	2.48×10^{10}
121	水利管理业	1.20	1.18×10^{10}
122	环境管理业	2.55	2.53×10^{10}
123	公共设施管理业	2.30	2.11×10^{10}
124	居民服务业	1.80	1.73×10^{10}
125	其他服务业	2.43	2.37×10^{10}
126	教育	1.68	1.64×10^{10}
127	卫生	2.43	2.18×10^{10}
128	社会保障业	1.24	1.19×10^{10}
129	社会福利业	0.877	8.23×10^9
130	新闻出版社	1.77	1.75×10^{10}
131	广播、电视、电影和音像业	2.21	2.13×10^{10}
132	文化艺术业	1.82	1.75×10^{10}
133	体育	2.11	2.06×10^{10}
134	娱乐业	1.35	1.18×10^{10}
135	公共管理和社会组织	1.56	1.54×10^{10}